냉장고 속을 가득 채운 음식들. 다 먹지도 않고,
아직 먹을 수 있는데도 버리고, 바쁘다는 핑계로
내버려둔 사이 채소는 모두 시들어 버리고…….
당신도 이런 경험이 있는가?

소중한 음식을 낭비하는 것은 매우 안타까운 일이다.
음식 관련 산업 종사자들이나
굶주리는 이들에게는 매우 미안한 일이다.
그런데 올바른 보관법을 알면 음식을 버리지 않고
맛있게 먹을 수 있다.
소중한 음식의 수명을 늘려 보자.

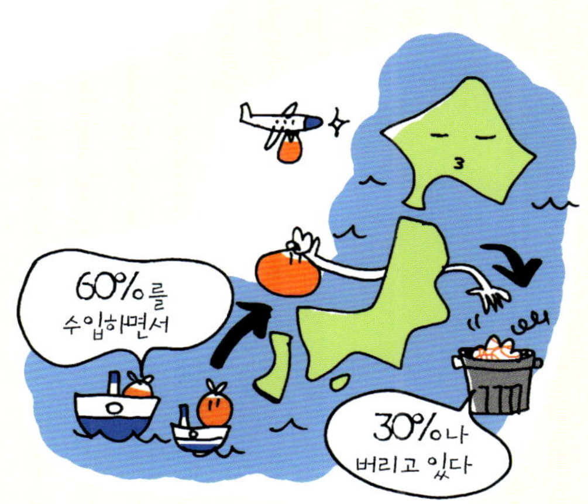

이 책은 2006년 6월 베터홈(Better Home) 협회에서 발행한
《소중한 음식을 낭비하지 않는 책 – 궁금증이 사라지는 식
품 보관 매뉴얼》을 바탕으로 보기 편하게 큰 판형으로 만든
것이다. 레시피 등 더욱 상세한 정보를 추가하였으므로 부
엌에 놓아두고 활용해 보자.

차례

● 레시피 분량 표기(ml = cc)
  1컵=200ml / 1큰술=15ml / 1작은술=5ml
● 제작 · 요리 연구 – 베터홈 협회
● 촬영 –오이 가즈노리 / 일러스트 –고무카이 유미코

음식이 버려지고 있다

　우리가 먹는 음식물은 외국 수입품에 크게 의존하고 있다. 일본의 식재료 자급률은 약 40%(2004년도)로, 쌀을 제외하면 한국도 거의 비슷한 수준이다.

　그런데도 우리의 식생활에는 필요 없는 것들이 가득하다. 국민 1인당 하루에 배당되는 식재료를 열량(칼로리)으로 환산해 보면(공급 칼로리), 오른쪽 아래 그래프의 파란색처럼 나타난다. 하지만 실제로 섭취하는 칼로리(섭취 칼로리)를 비교해 보면 오렌지색처럼 나타난다. 섭취 칼로리가 확실히 적고, 공급 칼로리와 비교하여 30% 가까이 차이가 난다. 결국 30%의 음식은 남기거나 버린다는 것. 이 차이는 40년 전과 비교해 볼 때 2배 이상 증가했다고 할 수 있다.

각국의 식재료 자급률

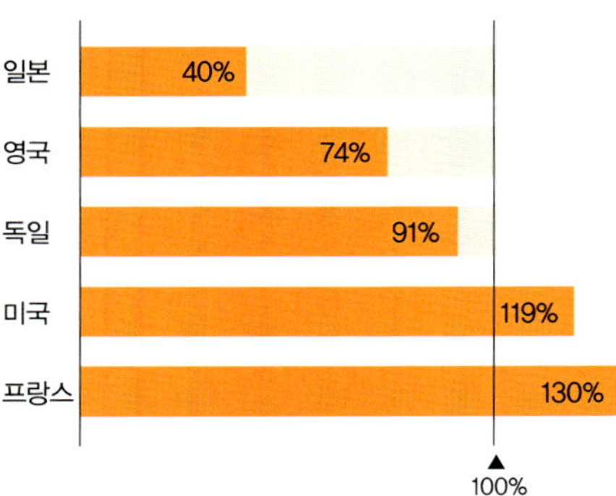

음식의 30%는 남기거나 버린다는 것
국민 1인당 1일 공급 열량과 섭취 열량의 변화

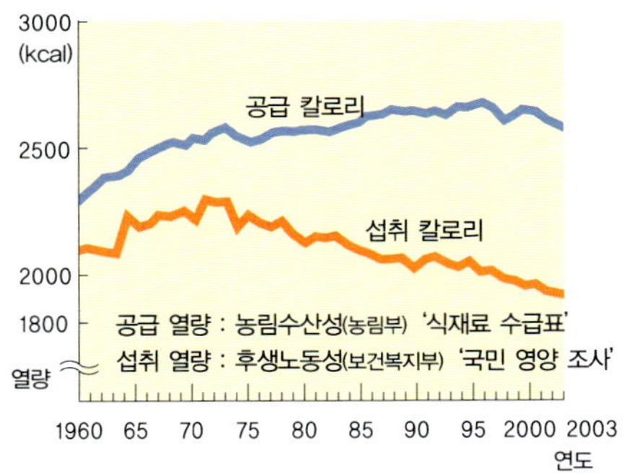

'유통 기한'이란? – 기한 표시의 의미

버려지는 음식의 낭비를 막기 위해서는 꼭 필요한 만큼만 구매해야 한다. 그 다음에는 식품에 붙어 있는 표기를 바르게 이해할 것.

'가능하면 유통 기한이 긴 제품을, 또 안쪽에 진열된 제품을 구입하는 것이 현명하다.' '유통 기한이 어제였다! 버릴 수밖에 없다.' '개봉한 우유는 유통 기한이 지날 때까지 마셔도 괜찮다.'

혹시 이렇게 생각하고 있다면 큰 오산. 무턱대고 유통 기한이 많이 남아 있는 식품만 찾으면 기한 내에 팔리지 않는 제품은 반품되거나 버려질 수밖에 없다. 바로 먹을 식품이라면 유통 기한이 다 된 식품이라도 괜찮다. 또 숙성할수록 맛있는 식품도 있다. 하지만 대부분의 식품은 그렇지 않다는 것.

물론 유통 기한 내에 먹는 것이 가장 좋다. 하지만 하루 정도 지났다고 먹을 수 없을 만큼 갑자기 식품이 상하지는 않는다. 그리고 유통 기한은 '미개봉' 상태에서 적절한 방법으로 보관했을 경우에만 해당된다. 개봉했다면 식품에 따라서는 날것과 같은 상태가 되므로 반드시 주의해야 한다.

'상미(賞味) 기한'과 '소비(消費) 기한'으로 구분되는 유통 기한

식품은 자연 식품(채소나 생선, 고기)과 가공 식품으로 구분할 수 있다. 자연 식품에는 기한 표시가 되어 있지 않기 때문에 구매자 스스로 신선도를 구별할 필요가 있다. 반면 가공 식품에는 상미 기한이나 소비 기한이 붙어 있다.

가공 식품 가운데 도시락처럼 일반적으로 5일 이내에 상하는 식품에 붙어 있는 것이 소비 기한이고, 비교적 잘 상하지 않는 식품에 붙어 있는 것이 상미 기한이다.

이런 기한 표시는 안전을 위해 식품이 실제로 상하는 기한보다 조금 이른 날짜를 표시해 둔다. 소비 기한은 쉽게 상하는 식품에 붙이기 때문에 기한이 지났다면 먹지 않는 것이 좋다.

한편 상미 기한은 그 식품을 가장 맛있게 먹을 수 있는 기한으로, 날짜가 지났다고 해서 바로 품질이 떨어지지는 않는다. 무작정 버리지 말고 가열할 수 있는 것은 가열해서 빨리 먹는다.

소비 기한은 - 도시락, 주먹밥, 제과점 빵, 나물류처럼 일반적으로 5일 이내에 변질되는 식품을 말한다.

정해진 방법으로 보관할 경우 부패하거나 변질될 걱정은 없다. 안전한 기한.

단, 기한이 지났다면 먹지 않는 것이 좋다.

상미 기한은 - 통조림, 주스, 우유, 스낵류처럼 변질되는 속도가 비교적 늦는 식품을 말한다.

개봉 전에 정해진 방법으로 보관했을 경우 그 제품의 품질이 좋다. 결국 맛있게 먹을 수 있는 기한을 의미한다. 이 기한이 지나도 품질이 유지되는 식품도 있다. 기한이 지났다고 해서 바로 먹을 수 없을 만큼 상하는 것은 아니다.

●**자연 식품**
'이름(명칭)'과 '원산지' 표시가 의무

●**가공 식품**
'이름'과 '원재료명'
상하기 쉬운 식품이라면 '소비 기한'
잘 상하지 않는 식품이라면 '상미 기한'
을 표시한다.

※ 자세한 사항은 식품 종류에 따라 항목이 늘어나는 차이가 있다.
※ 용기에 포장하지 않거나 품질이 쉽게 떨어지지 않는 식품(껌, 냉동 식품, 아이스크림, 설탕, 소금 등)은 기한 표시를 붙이지 않아도 괜찮다.

※ 기한은 보통 '년월일'로 표시하지만 제조일로부터 유통 기한까지 3개월이 넘는 식품은 '년월'만으로 표시해도 상관없다.
※ 이전에는 상미 기한과 함께 '품질 유지 기한'도 사용되었지만 현재는 '상미 기한'으로 통일되었다(2005년 7월말까지 제조·가공·수입된 식품에는 '품질 유지 기한'도 인정받았다).
(편집자 주 - 국내에서는 상미 기한, 소비 기한 구분 없이 유통 기한으로 표시한다.)

구매자 스스로 구별한다

제조업체는 유통 기한까지만 책임이 있다. 기한이 지났다면 나머지는 소비자 책임. 기한이 지난 식품을 먹고 몸에 문제가 생기거나 배탈이 났다고 해도 제조자 책임이 아닌 소비자 책임이다.

식품의 형태를 보고 식중독에 주의해야 한다. 색깔이 변했거나 이상한 냄새가 나거나 끈적끈적하거나 조금이라도 이상하다고 느껴지는 제품은 바로 버린다. 또 겉보기에는 괜찮아도 세균처럼 눈으로 구별하기 어려운 경우도 있다.

식품이 상했는지 괜찮은지, '평소와 다른' 점을 찾아내려면 식품 본래의 상태를 잘 알아야 한다. 그러기 위해서는 신선한 식재료를 직접 고르고, 직접 만든 요리를 먹어 볼 필요가 있다. 이것이야말로 위험을 감지할 수 있는 가장 좋은 방법이다.

많은 재료 가운데서 헷갈리지 않도록 다량 구매하지 않는 것이 좋고, 반드시 먹어 볼 것. 표시가 없는 자연 식품도 똑같다.

유통 기한 정하는 법

식품이 변질되는 기한은 식품의 종류나 성질 등에 따라 차이가 크다. 그 때문에 유통 기한은 그 식품에 대해 가장 잘 알고 있는 사람, 즉 제조업자가 책임져야 한다. 만약 수입 식품이라면 수입업자가 책임을 지고 여러 가지 시험을 통해 결정한다. 시험 내용은 식품에 따라 다양한데, 주요 방법은 다음과 같다.

- 미생물 시험 – 일반 세균, 대장균 등 여러 가지 세균을 조사한다.
- 이화학 시험 – 식품에 따라 당도와 오염, 비중, pH 등의 지표를 골라 기계를 사용해 측정한다.
- 관능 검사 – 시각적 검토, 맛, 냄새 등 인간의 오감을 사용해 조사한다.

이런 시험들을 통해 나온 '섭취 가능한(먹을 수 있는 · 마실 수 있는) 기한'을 바탕으로 충분한 여유를 두어 이보다 짧은 기한을 유통 기한으로 정한다.

과학적이면서도 합리적인 기한을 정하기 위해 국가에서는 '식품 기한 표시 설정을 위한 가이드라인'(보건복지부 · 농림부)을 정해 놓았다. 업계 단체가 가이드라인(지침)을 결정하는 경우도 있다.

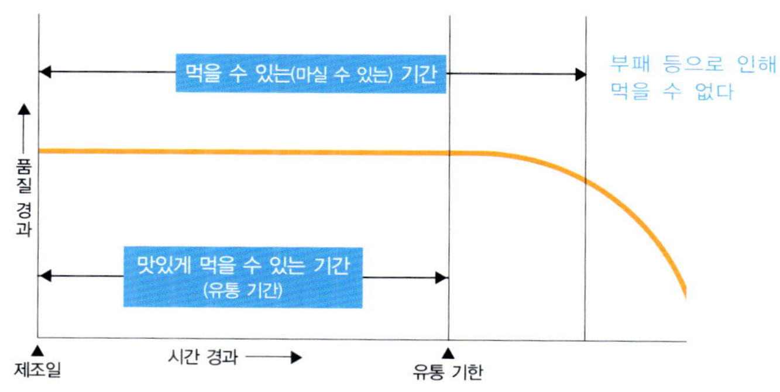

유통 기한 정하는 법 – 간장

제조업체 대표와 연구원이 간장의 유통 기한 측정 위원회를 만들어 3년 반에 걸쳐 보관 시험을 실시했다.

● 간장은 염분을 많이 함유한 발효 조미료로, 개봉하지 않았다면 상온 보관이 가능하다. 시간이 지나면 색과 맛, 향이 점점 떨어지는데, 그 과정에서 색이 가장 빨리 변하고 옅어진다. 색이 변하면 맛이나 향도 변한다. 그래서 주요 시험은 표준 색도계에서 색을 조사하는 이화학 시험과 맛이나 향을 조사하는 관능 시험으로 결정했다.

● 용기 재질에 따라서도 품질을 떨어뜨리는 정도의 차이가 나기 때문에 플라스틱병 · 유리병 · 캔 각각에서 진간장 · 국간장 · 조림간장을 가지고 조사했다(이하 진간장의 경우).

● 색이 진하면 7단계 이하일 때를 유통 기한 설정 기준으로 한다.

● 관능 평가는 3점으로 채점

- 아직 신선하다 – 1점
- 점점 신선함이 떨어진다 – 2점
- 전혀 신선하지 않다 – 3점

　2점을 유통 기한의 한계로 정한다.

● 보관 기간은 42개월, 상온(실험실에서 20℃) 이외 참고하기 위한 실온(8℃~34℃정도에 걸쳐)에서도 조사했다.

이렇게 검사한 결과 결정된 것이 아래 나타난 표준 기간이다.

진간장의 유통 기한(용기에 따라)
＊플라스틱 병 – 18개월
＊유리병 – 24개월
＊캔 – 24개월
이와 관련하여 관능 검사 평균 수치는
18개월 후 플라스틱 병 – 1.48 / 36개월 후 유리병 – 1.3

시작할 때의 수치가 '1'이므로 유통 기한이 달한 시점에서 봐도 크게 나쁘지는 않다. 특히 유리병은 실제 품질이 나빠지기보다 훨씬 전에 유통 기한이 설정되었다는 것을 알 수 있다.

(자료 : 일본간장협회)

'적재 적소'에 보관하자 – 식품 보관과 적정 온도

　식품이 상하는 주요 원인은 시간 외에도 높은 온도, 햇빛, 습기, 공기(산소) 등 다양하다. 반면 식품에 맞는 환경에서는 좀 더 오래 보관할 수 있다. 대부분의 식품은 냉장고에 두면 오래 보관할 수 있지만 식품에 따라 차가운 곳이나 냉장이 필요하지 않는 것도 있다.

　예를 들어 열대 지역이 원산지인 바나나나 고구마는 냉장고에 넣어 두면 검게 변하거나 부패된다. 손질하지 않은 채소나 미개봉 식품, 조미료는 상온(어둡고 서늘한 곳)에 두는 것이 좋다. 냉장고를 너무 가득 채우면 냉각 효율이 떨어져 에너지가 낭비된다. 그러므로 냉장 보관이 필요 없는 식품은 넣지 않아도 된다.

　적절한 보관법이 궁금하다면 표시되어 있는 것 외에 식품이 판매되는 매장이나 마트에서 어떻게 진열하고 있는지를 참고하면 된다. 진열장에 있다면 상온에서, 냉장 진열장이라면 냉장 보관한다.

'상온'과 '서늘하고 어두운 곳'이란?

　냉장고에 넣지 않아도 되는 식품의 경우 표시된 보관법에 '상온'이라고 쓰여 있다. 이것은 '실온'과 같은 뜻이지만 직사광선이 비치는 곳이나 난방 중인 곳, 뜨거운 곳 근처는 피해야 한다. 어둡고 서늘한 곳에 두는 것이 좋다.

　아파트는 여름철이나 난방이 되는 실내에서는 어둡고 서늘한 곳이라고 부를 만한 장소가 많지 않으므로 상온 보관할 수 있는 식품도 냉장고에 넣어 보관하는 것이 좋다.

냉장고

달걀, 우유, 케이크,
사전 준비 재료,
반찬, 음료 등

냉장실
(약 3~5℃)

식품이 얼기 시작하기 직전 온도
고기, 생선,
요구르트,
낫토 등

신선 온도칸
(약 0~-3℃)

식품이 살짝 얼기 시작하는 온도
회, 생선,
고기 등

채소칸
(약 5~7℃)

채소가 건조하지 않게
온도와 습도가 약간 높음.
대부분의 채소, 과일

냉동실
(약 -18℃)

냉동 식품, 가정에서 냉동한 것

※ 냉장고의 구조는
그림과 다를 수 있으
며, 각 칸의 기능을
참고하시기 바랍니다.

• 냉장고 문을 열고 닫는 횟수를 줄이고 신속하게 하는 것이 좋다. 문을 5초간 열어 두면 원래 온도로 되돌아가는 데 1분 30초 정도가 걸린다.

• 특히 냉장고 문에 달린 도어 포켓은 주위 온도의 영향을 쉽게 받으므로 조미료처럼 온도에 크게 예민하지 않은 식품을 넣어 두는 것이 좋다. 냉동실 도어 포켓도 오래 보관할 식품은 피해야 한다.

• 냉장실 · 냉동실 모두 뜨거운 식품은 반드시 식혀서 넣어야 한다.

이렇게 적당한 방법으로 보관했음에도 불구하고 다 먹지 못했다면 익혀서 요리를 만들거나, 냉동해도 괜찮은 것이라면 냉동해서(맛있을 때 냉동하는 것이 좋다) 낭비를 막아야 한다.

Q '상온'이란 어느 정도를 말하나? 정해진 것은 없나?

A 약(藥)의 경우 '상온은 보통 15~25℃, 실온 1~30℃'라는 규정이 있다. 하지만 식품에 대한 국가 기준 등의 명확한 정의는 없다.

개별 식품으로는 우유나 유제품의 경우 상온 보관 가능하다고 표시하기 위해서는 '30℃±1℃로 14일 또는 55℃±1℃로 7일간 보관 시험을 만족시킨다'처럼 법령으로 정해 놓은 것이 있지만 다른 식품의 경우 결정된 것은 없다.

즉 사회 통념에 따라 특별히 따뜻하거나 차갑지 않은 온도, 바깥 기온을 넘지 않는 온도를 기준으로 한다고 보면 된다. 남과 북, 여름과 겨울의 기온차가 큰 경우에는 언제 어디서나 테이블 위에 놓아두어도 변질되지 않는 식품이 상온 보관 식품이라 할 수 있다. 그러나 옥외(屋外)나 직사광선이 내리쬐는 곳은 상온이라고 할 수 없다.

얼리기 전에 알아둘 것
– 집에서 냉동할 때 주의할 점 6가지

음식을 냉동 보관할 때도 요령이 필요하다. 맛을 보존하기 위해서도 필요한 방법이므로 다음의 6가지를 명심할 것.

일반 가정에서 음식을 냉동할 때는 시판 냉동 식품처럼 꾸준히 저온에서 보관할 수 없다. 어떤 음식이나 재료도 너무 오랫동안 냉동 보관하기보다는 맛있게 먹을 수 있는 기간 내에 먹는 것이 중요하다. 냉동을 할 때는 식품을 무조건 오래 보관하기 위해서가 아니라 신선함이 유지되는 동안에 먹는 것을 기본으로 한다.

1. 냉동에 적합하지 않은 식품은 얼리지 않는다

수분 함량이 많거나 얼린 후에 식감이 변하는 식품은 냉동에 적합하지 않다.

● **적합한 것**
- 밥, 빵
- 가열 조리한 음식
- 건어물이나 찻잎 등의 건조 식품

● **적합하지 않은 것**
- 두부, 곤약, 죽순 등(식감이 변한다)
- 생채소나 감자(할 수 있는 것도 있다)
- 우유나 크림(지방분이 분리된다)
- 한 번 해동한 것(다시 냉동하면 질이 떨어진다)

2. 가능하면 짧은 시간에 얼린다

냉동 시간이 길수록 식품 조직이 더 많이 파괴되므로 빨리 얼리기 위해서는

- 열 전도율이 좋은 금속 재질의 트레이에 올려 얼린다.
- 냉동실에서도 가장 차가운 부분에 놓는다.

뜨거운 음식은 반드시 식혀서 넣을 것. 그렇지 않으면 냉동실 온도가 높아져 얼리는 시간이 길어질 뿐만 아니라 다른 음식까지 상하게 한다.

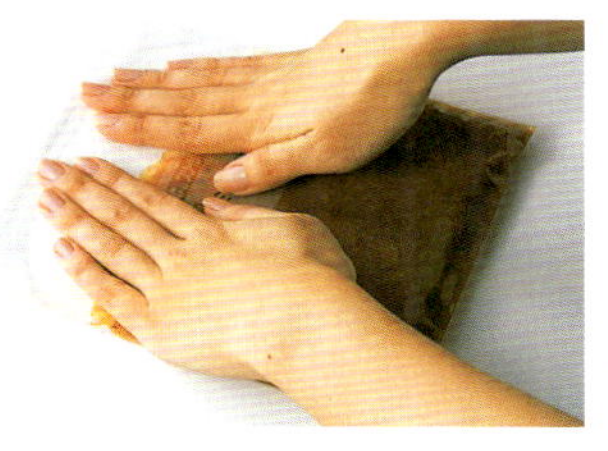

3. 적은 양을, 얇게, 평평하게

1회에 사용할 분량으로 나눈다. 가능한 한 얇게 만들어 얼린다. 얇게 만드는 과정에서 공기를 빼 주면 더욱 좋다.

4. 공기를 빼고 확실히 밀폐한다

공기가 들어가면 산화(산소와 결합해서 식품의 질이 떨어진다)되거나 서리가 끼는 원인이 된다. 그러므로 조금씩 나누어 랩으로 확실히 싸서 지퍼백이나 밀폐 용기에 넣는다. 잘게 썬 것은 바로 지퍼백이나 밀폐 용기에 넣어도 된다.

해동법 4가지

《자연 해동》 – 고기나 생선, 반찬류는 냉장실에서, 채소나 건조 식품은 실온에서 녹인다.

(실온 해동 과정에서 세균이 번식할 수도 있다. 식중독 예방을 위해 생것이나 반찬은 실온에서 해동하지 않는다.)

《흐르는 물에 해동》 – 식품을 급하게 이용해야 할 때의 해동법. 밀폐 봉투에 넣어서 해동한다.

《전자레인지 해동》 – 해동(약) 기능을 사용하고, 너무 오래 가열하지 말 것. 강약 조절이 중요하다.

《가열 해동》 – 얼린 그대로 뜨거운 물에 넣어 해동과 동시에 조리한다.

자연 해동

전자레인지 해동

흐르는 물에 해동

가열 해동

5. 날짜와 내용물을 알 수 있도록 표시한다

물에 지워지지 않는 유성펜으로 기입할 것.
구입할 때 붙어 있던 라벨을 붙여도 좋다.

6. 1개월 이내에 사용한다

식품은 산화나 건조로 인해 맛이 떨어진다.
가정에서 냉동한 식품은 최대 1개월 이내, 상하기 쉬운 생고기나 어패류, 생채소는
2주일 이내에 사용해야 한다. 건조 식품은 더 오래 보관할 수 있다. 먹을 때도 회처
럼 재료 그 자체의 맛으로 음식이 되는 요리보다는 진하게 양념하거나 가열 조리하
는 식품이 좋다.

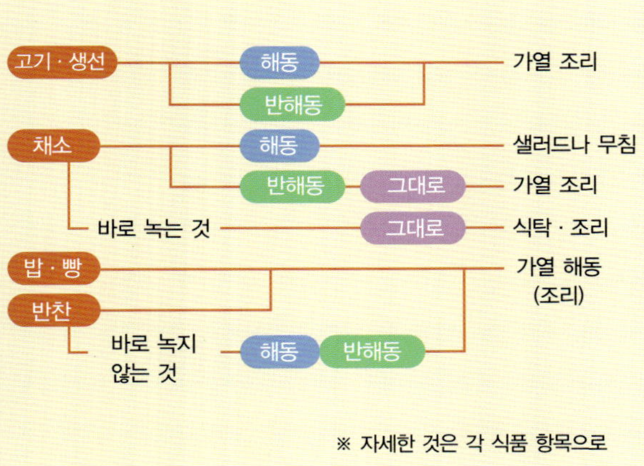

Q 냉동한 재료를 그대로 사용할까, 해동할까?

A 일반적으로 생고기나 생선은 해동해서 사용한다. 삶아서 먹을 식품은 반해동하여 이용해도 된다. 채소의 경우 차가운 요리에 사용할 것이면 해동해서 사용하고, 가열할 것이면 얼린 채 그대로 사용해도 된다. 바로 해동할 수 있는 파슬리 같은 채소도 얼려서 사용한다. 밥이나 빵, 반찬은 일반적으로 얼린 상태에서 가열할 수 있다.

※ 자세한 것은 각 식품 항목으로

음식을 낭비하지 않는 보관법

보관할 수 있는 기간은 식품의 종류나 상태, 가정에서의 보관 상태에 따라 차이가 난다.
이 책에서 표시한 보관할 수 있는 기간은 권장 기간이다.

생선

* 생선은 즙이 다른 식품에 묻지 않도록 밀폐해서 냉장한다. 신선칸처럼 온도가 낮은 곳에 보관한다.
* 생물은 냉동품을 해동해서 파는 것이 많기 때문에 가정에서 냉동할 경우 2번 냉동하는 것이 되므로 가능하면 냉동하지 않는 것이 좋다. '생'이라고 쓰여 있거나 근해에서 잡았다면 냉동해도 된다.
* 시판되는 냉동 재료라도 한 번 해동한 것을 다시 냉동한 것은 피한다.
* 얼리기 전에 키친 타월로 물기를 잘 닦을 것. 2주일 내에 먹는 것을 기준으로 한다.
* 사용할 때는 냉장고에서 해동하는 것이 기본. 하지만 급하게 사용할 경우에는 흐르는 물이나 전자레인지에 넣어 해동한다.

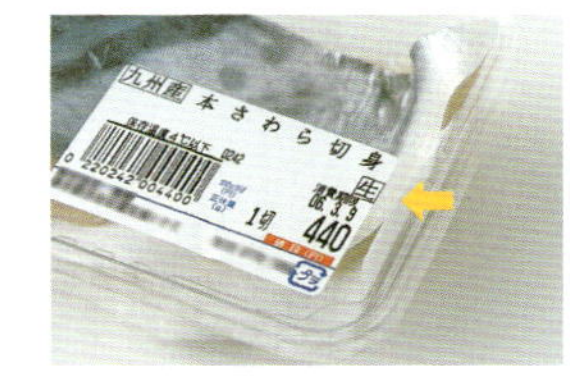

생선

보관

생선은 내장부터 상하기 시작하므로 우선 아가미와 내장을 제거하고 깨끗이 씻어서 냉장고에 보관한다. 구입한 당일 조리해야 안심.

냉동

● 뼈를 기준으로 양쪽으로 갈라 랩으로 밀폐 포장하여 지퍼백에 넣는다.
● 정어리처럼 부서지기 쉬운 생선은 잘게 썰어 경단 형태로 만들어 보관한다.
➡ 냉장고에서 자연 해동하여 조리한다.

●구입 당일 조리한다. 어쩔 수 없이 다음 날까지 둬야 한다면 가열하거나 양념(간장이나 청주, 된장)에 절여 보관한다.

●씻으면 좋은 맛이 빠져나가므로 키친 타월 등으로 닦되, 더럽거나 즙이 나온다면 재빨리 씻는다.

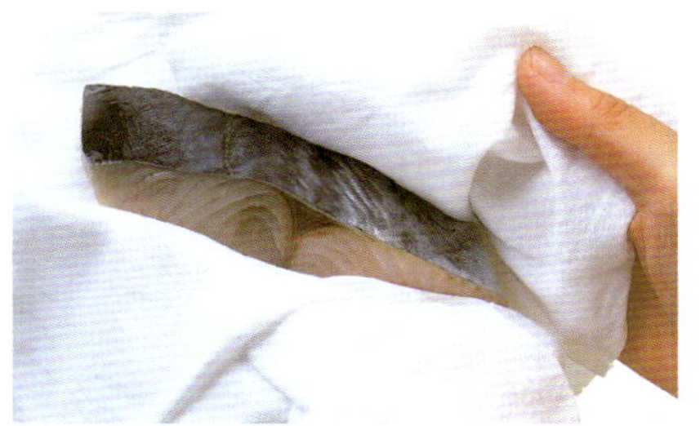

식품은 얼리면 맛이 쉽게 떨어지므로 간장과 청주 등으로 밑간을 하거나 조금씩 랩으로 싸서 지퍼백에 넣어 보관한다.

➡냉장고에서 자연 해동하여 조리한다.

원 포인트

고등어나 연어는 생것으로 먹으면 기생충(아니사키스)의 위험이 있으므로 소금과 식초로 밑간을 하거나 마리네로 만들어 먹는 것이 좋다. 마리네는 통째로 2일간 냉동해 두었다가 조리할 수 있다. 냉동하면 아니사키스 균은 죽는다.

Q 한번 해동한 것을 다시 냉동하는 것이 좋지 않다고 해도 먹지 않을 때는 그래도 냉동해야 할 것 같다. 좋은 방법은?

A 어쩔 수 없는 경우라면 간장과 청주로 밑간을 하거나 된장 등을 발라 냉동하면 여분의 수분도 제거할 수 있고, 맛도 떨어지지 않는다. 소금을 뿌리는 것도 좋은 방법이다. 냉동 생선이 아닌 생물 생선도 이렇게 하면 맛있게 보관할 수 있다. 굽거나 쪄서 냉동해도 좋다.

보관

● 잘라져 있거나 덩어리(사진)로 된 재료
는 구입한 당일에 먹어야 한다.
● 덩어리로 된 냉동품은 냉장실에 넣어
반해동한다. 너무 많이 해동하면 맛이
떨어진다.
● 손가락으로 눌러 보아 주변은 부드럽고
중심은 아직 굳어 있다면 반해동, 가운데까
지 부드러워졌다면 완전 해동 상태이다.

냉동

참치회는 대부분 해동해 놓은 상태이므로
다시 냉동하지 않는다(해동한 것은 표시로 알
수 있다).

recipe

회가 남았다면

남을 것 같다면 서둘러 양념해 냉장고에 넣는다.
이렇게 하면 다음날도 먹을 수 있다.

회덮밥

❶ 간장이나 미림, 청주를 1.5~2:1 비율로 배
합하여 회를 양념한다.
❷ 따뜻한 밥에 ①을 올려 기호에 따라 생강이
나 고추냉이, 김, 차조기 등을 얹어 먹는다.
※ 참기름을 약간 넣고 볶으면 도시락 반찬으로도 적
합하다.

보관

내장부터 상하기 시작하므로 구매하여 바로 내장을 제거한 뒤 냉장고에 넣는다. 당일 조리한다.

냉동

내장과 연골, 다리의 빨판을 제거하고 조금씩 나누어 랩으로 포장하여 지퍼백에 넣는다. 껍질을 벗기고 조리할 예정이라면 껍질도 미리 벗겨 둘 것. 부위별로 나누어 포장해 두면 나중에 편리하다.
➡ 냉장실에서 자연 해동. 익힌 것이라면 반해동해도 된다.

새우

보관

● 신선도가 쉽게 떨어지므로 구입한 당일에 사용한다.
● 냉동 새우는 1개월 이내에 먹는 것을 기준으로 한다.

냉동

대부분 얼린 새우를 해동해서 파는 것이므로 다시 얼리지 말 것. 어쩔 수 없이 다시 얼려야 한다면 얼린 후 가능한 한 빨리 사용할 것.

회 샐러드

❶ 흰살 생선회를 청주(회 50g에 청주 1큰술이 적당)에 절인다.
❷ 잘게 썰어 채소와 함께 드레싱에 버무린다.

참치 조갯살 생강 조림 (4인분 · 1인분 100kcal)

❶ 생강 1조각(10g)을 잘게 썰고, 참치회(200g, 잘라 놓은 것도 좋다)도 1cm 크기로 썬다.
❷ 냄비에 생강, 참치회, 청주 1/4컵, 설탕 1.5큰술, 미림 · 간장 각각 2큰술을 넣고 뚜껑을 연 채로 중불에서 익힌다. 국물이 졸아 자작해지면 냄비를 흔들어 물기를 없앤다.

문어

보관

신선도가 떨어져도 알아차리기 어려우므로 유통 기한을 기준으로 빨리 먹는 것이 좋다.

냉동

조금씩 나누어 랩으로 싸서 지퍼백에 보관한다.
➡ 냉장실에서 자연 해동하여 볶거나 튀긴다. 회로 먹을 때는 살짝 데쳐야 맛있다.

건어물

보관

신선한 것이라면 냉장고에서 2~3일 보관할 수 있다.

냉동

한 마리씩 랩으로 싸서 지퍼백에 보관한다.
➡ 냉장실에서 자연 해동한다. 전갱이처럼 얇은 생선은 얼린 상태에서 굽는다.

뱅어포 · 마른 멸치

보관

● 유통 기한이 없다면 뱅어포는 냉장고에서 약 1주일 정도 보관할 수 있다.
● 마른 멸치는 뱅어포보다 수분이 많아 상하기 쉬우므로 2~3일 내에 먹어야 한다. 남으면 얼린다.

냉동

한꺼번에 많이 사용하지 않으므로 얼려 두면 편리하게 이용할 수 있다. 지퍼백이나 밀폐 용기에 넣는다.
➡ 얼린 그대로 소쿠리에 얹어 뜨거운 물을 뿌리면 손쉽게 해동할 수 있고, 냄새도 제거된다.

대구알젓 · 명란젓

유통 기한 기준

조금씩 나누어 랩으로 싸서 지퍼백에 보관한다. 구운 대구알젓은 냉동할 수도 있다.
➡ 냉장실에서 자연 해동한다.

연어알 · 연어알젓

유통 기한 기준. 날것은 구입한 당일에 조리한다 (날것을 소금이나 간장에 절인 경우 냉장고에 10일 정도 보관할 수 있다).

조금씩 나누어 밀폐 용기에 넣는다.
➡ 냉장실에서 자연 해동한다.

Q 냉장이나 냉동 중에 가끔 랩이 벗겨지는 이유는?

A 식품을 냉장고에 넣을 때는 그냥 넣지 말고 냄새가 다른 식품에 배거나 즙이 묻지 않도록 밀폐하는 것이 기본이다. 식품용 랩이나 지퍼백, 밀폐 용기 등을 사용하면 된다. 특히 냉동할 경우에는 건조되기 쉽고 온도 변화로 인해 랩이 벗겨질 수 있으므로 랩으로 싸서 비닐봉투나 지퍼백, 자잘한 식품이라면 밀폐 용기에 넣어 이중 보관하는 것이 안전하다. 지퍼가 달린 지퍼백은 재질도 두껍고 열고 닫을 수 있어 편리하다. 밀폐 용기는 냉동에 사용할 수 있는지 내냉 온도(耐冷溫度)를 확인하고, 내용물이 보일 수 있게 투명 또는 반투명한 제품을 이용하는 것이 좋다.

보관

- 냉장실에서 2~3일.
- 팩에 넣은 상태에서 유통 기한 기준.

냉동

조금씩 나누어 랩으로 포장하여 지퍼백에 넣는다.
➡ 냉장실에서 자연 해동하거나 전자레인지에 가열 해동한다.

어묵류(일반 어묵·링 모양 어묵·채소 어묵)

보관

유통 기한 기준. 일단 개봉했다면 다음날까지는 먹어야 한다.

냉동

- 일반 어묵은 식감이 변하기 때문에 냉동에는 적합하지 않다.
- 가운데에 구멍이 뚫리거나 채소가 들어간 어묵은 얼릴 수 있다. 조금씩 나누어 랩으로 싸서 지퍼백에 넣는다.
➡ 해동하거나 반해동하여 가열 조리한다. 잘라서 냉동했다면 얼린 그대로 가열 조리한다.

r e c i p e

냉동 어묵 파 볶음
(2인분·1인분 66kcal)

❶ 팬에 샐러드유 1작은술을 두르고 3mm 정도의 두께로 자른 냉동 어묵 작은 것 2개(40g)를 언 상태 그대로 볶는다.

❷ 잘게 썬 파(p.54) 1/2개(40g)를 얼린 상태 그대로 넣고, 설탕 1/2작은술, 청주·간장 각 1/2큰술을 넣고 물기가 없어질 때까지 볶아 참깨 1작은술을 뿌린다.

※ 냉동하지 않은 재료로도 만들 수 있다.

보관

● 껍질에 묻은 모래를 제거한다. 모시조개와 대합은 절반 가량 잠길 정도의 소금물(물 1컵에 소금 1작은술)에, 바지락은 맹물에 담가 어두운 곳에 2~3시간 둔다. 해감은 30분 정도.

● 조갯살은 소금물에 씻은 다음 물에 한 번 더 재빨리 씻는다.

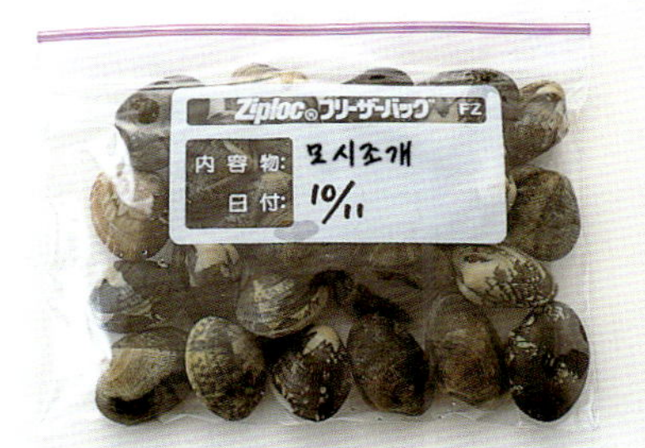

냉동

껍데기는 해감하여 잘 씻어서 물기를 제거하고 지퍼백에 넣는다. 조갯살은 청주와 소금을 뿌려 살짝 쪄서 지퍼백에 넣는다.

➡ 해동하면 물이 빠져 맛이 떨어지므로 언 상태 그대로 가열 조리한다. 충분히 가열하여 조리한다.

Q 냉동한 재료를 해동해서 사용할 경우 해동법에 따라 맛이 차이가 난다?

A 해동법은 자연 해동, 흐르는 물에 해동, 전자레인지로 가열하는 방법 등 여러 가지가 있다(p.13). 일반적으로 생선이나 육류는 냉장고에서 서서히 해동하면 즙이 많이 빠지지 않아 처음 구입했을 때랑 맛이 비슷하다. 반대로 채소는 해동하지 않고 언 상태 그대로 가열 조리해야 맛과 식감이 유지된다. 해동해서 그대로 먹는 요리는 자연 해동이나 흐르는 물에 해동하는 것이 맛있다. 전자레인지에 지나치게 오래 가열하면 고르지 않게 해동되므로 주의할 것.

자연 해동

전자레인지 해동

흐르는 물에 해동

가열 해동

고기

* 고기는 가능한 한 공기와 접촉하지 않도록 랩으로 싸서 밀폐 용기나 지퍼백에 넣어 냉장 보관한다. 고기를 구입할 때 담겨져 있었던 팩 그대로 보관하면 즙이 나올 수 있으므로 비닐봉투에 담아 보관한다.
* 냉동할 때는 1회분씩 나누어 가능한 한 얇게 펴서 랩으로 싸서 지퍼백에 넣는다.
* 냉동한 고기를 사용할 때는 천천히 냉장실에서 해동한다. 전자레인지에 해동하면 단면만 익으므로 너무 오래 가열하지 말 것.
* 고기는 너무 오랫동안 냉동해 두면 맛이 떨어지므로 가능한 한 2주 이내에 먹는 것이 좋다. 변색되거나 이상한 냄새가 나면 버릴 것.

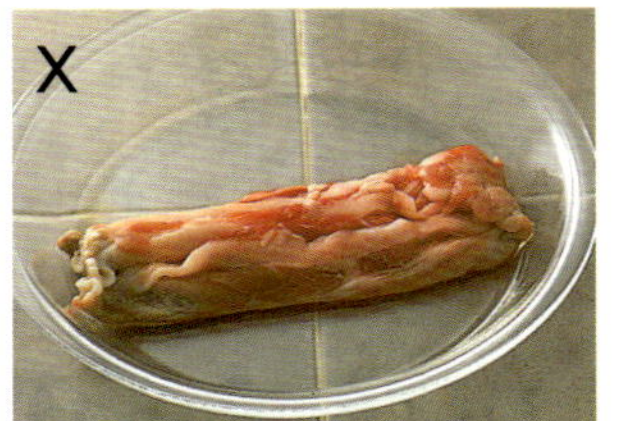

다진 고기

보관

공기와 접하는 면적이 넓을수록 쉽게 상하기 때문에 다진 고기는 보관하기가 어렵다. 다진 닭고기나 다진 돼지고기, 섞어 다진 고기는 구매한 당일에 먹고, 다진 소고기는 다음날까지는 사용해야 한다.

냉동

다진 고기는 생으로 냉동하면 쉽게 상하기 때문에 보슬보슬하게 볶아서 냉동해야 안심이다. 식혀서 조금씩 나누어 랩으로 포장해서 지퍼백에 넣는다.

➡ 언 상태로 가열 조리한다.

보관

- 1~2일 안에 사용한다.
- 양파 같은 향신 채소와 함께 기름에 절여 두면 2~3일 정도 보관할 수 있고 맛과 향도 좋아진다.

냉동

겹치지 않게 나란히 1회 사용할 양으로 조금씩 나누어 랩으로 포장하여 지퍼백에 넣는다.

➡ 냉장실에서 자연 해동한다.

Q 팩에 들어 있는 소고기가 거무스름하게 변했는데 먹어도 괜찮을까?

A 공기에 닿지 않게 하기 위해 포개 놓은 부분이 거무스름하게 변하는 경우가 있다. 소고기 색소는 공기와 닿으면 색깔이 붉어진다. 고기 표면이 신선한 붉은색이라면 안심. 그러나 전체가 거무스름하거나 갈색으로 변했다면 오래된 것일 가능성이 있다.

Q 식품을 냉동하면 서리가 끼는데 막을 수 있는 방법은 없을까?

A 서리가 끼는 원인은 공기와 온도 변화 때문이다. 식품 속 수분이 공기 중에 증발하고 그것이 얼어서 서리가 되고 다시 녹는 과정을 반복하면서 서리가 끼는 것이다. 일반 가정에서는 진공 포장이 어렵고, 냉장고는 자동 성에 제거 기능 등으로 인해 안의 온도가 일정하게 유지되지 않기 때문에 서리가 끼는 것을 피할 수 없다. 서리가 끼는 것을 줄이기 위해서는 공기를 가능한 한 빼고(눌러서 빼거나 마른 수건으로 흡수), 확실하게 밀봉되는 지퍼백에 넣거나 냉장고 문을 열고 닫는 횟수를 가능한 한 줄여야 한다.

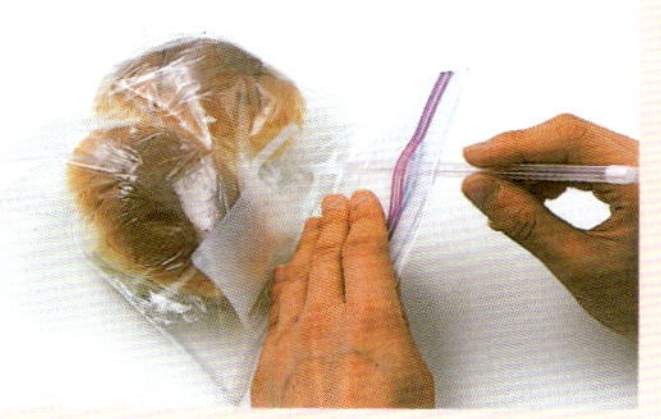

보관

● 덩어리 형태의 소고기는 3~4일, 돼지고기는 2~3일 내에 먹는다. 두껍게 자른 고기는 기준보다 하루 전까지 먹는다.

● 닭고기는 쉽게 상하므로 신선한 것을 골라 다음날까지는 다 먹는다.

냉동

● 두껍게 자른 고기나 닭다리살, 닭가슴살 등은 1개씩 랩으로 싸서 지퍼백에 넣는다.

● 덩어리 고기는 2~3cm 정도의 두께로 잘라 신속하게 냉동한다.

➡ 냉장실에서 자연 해동한다.

간

보관

상하기 쉬운 부위이므로 구매한 당일에 조리한다.

냉동

● 상하기 쉬우므로 부적합하다.

● 가열해서 조리했다면 냉동할 수 있다.

➡ 냉장실에서 자연 해동하거나 가열 해동한다.

r e c i p e

닭간 간장 조림 (4인분 · 1인분 86kcal)

❶ 닭간 200g을 준비하여 심장과 지방, 핏덩어리를 제거하여 피를 씻어 낸 뒤 한 입 크기로 자른다. 심장은 2쪽으로 잘라 피를 씻어 낸다. 모든 재료를 뜨거운 물에 넣어 살짝 데쳐 소쿠리에 받친다.

❷ 생강 큰 것 1개(약 15g)를 씻어서 껍질째 잘게 썬다.

❸ 냄비에 설탕 1/2큰술, 청주 3큰술, 간장 · 미림 각 1큰술을 넣고 펄펄 끓인다. 간과 생강을 넣고 중불에서 거품을 걷어내면서 자작해질 때까지 끓인다(뚜껑은 덮지 않는다).

보관

●오래 보관할 수 있는 식품은 제품에 따라 차이가 있다. 개봉 전에는 유통 기한까지 보관할 수 있지만 개봉했다면 개봉한 날로부터 2일 정도라고 생각할 것.

●육가공 식품은 과거에 비해 맛이 담백해지고 염분 함량도 줄어들었기 때문에 예전만큼 오래 보관할 수 없다. 특히 무첨가 식품은 날것과 같은 방법으로 보관한다.

냉동

●베이컨이나 햄은 서로 달라붙지 않도록 1개씩 랩으로 싸서 조금씩 나누어 지퍼백에 넣는다.

●소시지는 조금씩 나누어 랩으로 싸서 지퍼백에 넣는다.

➡데치거나 삶는다면 얼린 그대로 사용해도 된다. 그렇지 않을 경우에는 냉장실에서 자연 해동할 것.

Q 햄 표면이 약간 끈적끈적한데 더 먹을 수 없는 것인가?

A 햄이나 소시지의 표면이 끈적끈적하다면 미생물이 번식해 부패하기 전 상태라고 할 수 있다. 이상한 냄새가 나지 않는다면 가열해서 사용해도 되지만 안전을 위해서는 버리는 것이 좋다. 어묵이나 육류도 끈적끈적하다면 먹지 않도록 한다.

알류

* 알류는 세균으로부터 내용물을 보호해 주는 껍질 덕분에 오래 보관할 수 있다. 예전에는 '상온에서 2주간 보관'이었지만 요즘 달걀은 오염이나 세균을 없애기 위해 세정하는 과정에서 달걀을 보호하고 있는 막도 씻겨 나가므로 냉장고에 보관해야 한다.
* 케이스 그대로 보관하는 것이 위생적이다. 도어 포켓이 아닌 선반 안쪽에 넣는 것이 문을 열고 닫을 때의 충격이나 온도차로 인한 영향을 줄일 수 있다.

달걀

보관

● 냉장고에 보관한다. 껍질에 붙어 있는 균이 다른 식품에 옮을 수 있으므로 그냥 넣지 말고 구매할 때 들어 있던 케이스 그대로 냉장 보관한다.

● 뾰족한 부분이 아래로, 둥근 부분(공기가 들어가는 기실(氣室)이 있는 부분)을 위로 가게 하면 안정적으로 오래 보관할 수 있다.

● 껍질에 금이 간 달걀은 생으로 먹지 말고 가열 조리하여 이용한다.

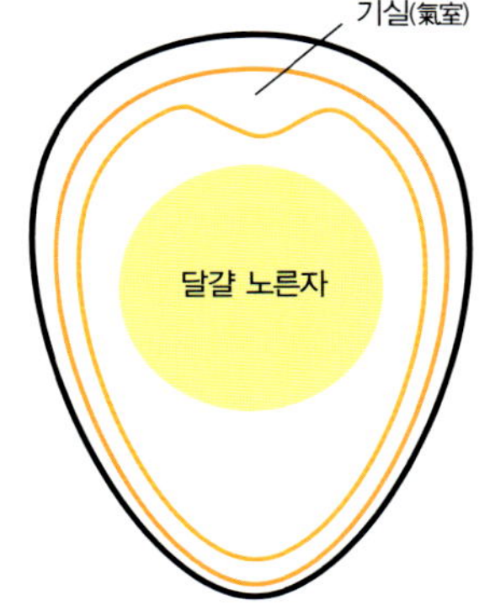

┃ 원 포인트 ┃

시판하는 달걀은 씻어서 나오므로 껍질을 씻지 말 것. 젖으면 오히려 곰팡이가 생기기 쉽다. 껍질이 많이 더러울 경우에는 사용하기 직전에 씻어서 이용할 것.

달걀

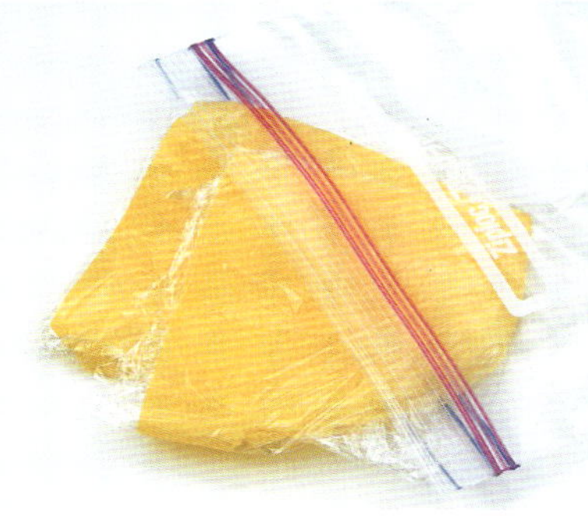 

● 얇게 부친 달걀을 냉동 보관해 두면 밥이나 면의 토핑으로 편리하게 사용할 수 있다.

➡ 냉장실에서 자연 해동한다. 도시락으로 사용한다면 그대로 넣어도 좋다.

● 삶은 달걀은 흰자의 식감이 껌처럼 변하기 때문에 적합하지 않다.

● 그릇에 깨 놓은 달걀은 쉽게 상하므로 바로 사용하는 것이 가장 좋지만 흰자가 남았다면 냉동할 수 있다.

➡ 자연 해동해서 튀김옷을 입혀 튀기는 등 가열 조리한다.

Q 달걀은 유통 기한이 지나도 가열하면 먹을 수 있다던데 사실인가?

A 그렇다. 달걀의 유통 기한은 '생으로 먹을 수 있다'는 의미이다. 생으로 먹을 경우 신선할 때가 가장 맛있고 안심할 수 있다. 깨트렸을 때 흰자의 농도가 묽지 않고 노른자가 봉긋하게 솟아올라 있다면 신선한 상태이다. 유통 기한이 지났다면 재빨리 가열 조리하여 먹는 것이 좋다. 여기서 가열 조리란 흰자와 노른자가 완전히 익을 때까지 조리한다는 뜻이다.

Q 혼자 사는데 달걀을 팩으로 구입하면 늘 남는다. 삶아 두면 더 오래 보관할 수 있을까?

A 달걀은 영양가가 높은 완전 식품이다. 가능하면 포장 개수가 적은 것을 구입하여 빠른 시일 내에 먹는 것이 가장 좋다. 그러나 삶아 두면 냉장에서 2~3일 정도밖에 보관할 수 없다. 날것 그대로라면 유통 기한까지 그 상태가 유지되기 때문에 더 오래 보관할 수 있다.

우유·유제품

* 우유나 유제품은 다른 식품의 냄새가 쉽게 배기 때문에 입구를 확실히 막아 냉장고에 보관해야 한다. 김치나 파처럼 냄새가 강한 식품과는 거리를 두어야 한다.

우유

보관

● 10℃ 이하로 냉장 보관한다.
● 유통 기한은 개봉하기 전에만 해당한다. 일단 개봉했다면 빠른 시간 내에 이용할 것. 개봉 후 1~2일 내에 사용하는 것이 기준이다. 그러나 우유팩에 입을 대고 마시거나 빨대로 마실 경우 입 속의 세균이 들어갈 수 있으므로 다 마시도록 한다.

냉동

수분과 지방분이 분리되기 때문에 적합하지 않다.

| 원 포인트 |

층이 분리되어 있거나 평소와 다른 냄새나 맛이 난다면 바로 버릴 것.

생크림

보관

● 냉장 보관한다. 문을 여닫는 과정에서 진동 때문에 딱딱해지기 쉬우므로 도어 포켓에는 넣지 않는다.
● 개봉했다면 확실하게 입구를 덮어 빨리 사용한다. 개봉 후 1~2일 이내를 기준으로 사용한다.

냉동

그대로는 적합하지 않지만(분리되기 때문) 거품을 내어 보관하면 냉동 가능하다. 트레이에 스푼으로 떠서 얼려 밀폐 용기에 넣으면 된다. 보관 기간은 1~2주 정도.
➡ 언 상태 그대로 자연 해동하여 커피나 요리에 첨가한다. 과자를 만드는 재료로는 적당하지 않다.

Q 생크림을 사면 많이 남는데 냉장고에 넣으면 굳는다. 다시 사용해도 될까?

A 이상한 냄새가 나거나 맛이 변했거나 노란색으로 변색되었거나 수분과 분리되지 않았다면 사용할 수 있다. 생크림을 다 사용하려면 커피에 넣거나 우유나 요구르트에 섞어 먹거나 과일에 뿌려 먹거나 오믈렛이나 수프, 카레, 스튜에 넣는 등 다양하게 이용한다. 화이트소스에 넣거나 채소에 뿌리고 치즈를 올려 그라탱 스타일로 구워도 맛있다.

치즈

- 냉장실이나 채소칸에 보관한다.
- 가공 치즈는 일단 개봉했다면 입구를 랩으로 싸서 2주 이내에 먹는다.
- 자연 치즈는 구매 후에도 계속 숙성하기 때문에 필요한 만큼만 사서 빠른 시간 내에 먹어야 한다. 보관 기준은 후레쉬 타입은 개봉 후 2일~1주일 이내, 고형 타입은 구매 후부터 2~3주 이내이다.
- 남았다면 건조해지지 않도록 단면을 랩이나 알루미늄 호일에 싸서 밀폐 용기에 담아 채소칸에 넣는다. 양상추나 젖은 파슬리를 함께 넣어두면 좋다.
- 가루 치즈는 실온 보관한다. 얼리면 습기를 먹어 쉽게 굳는다.

- 냉동하면 맛이 떨어지기 때문에 적합하지 않다. 크림치즈 같은 후레쉬 치즈는 해동할 때 분리되어 버린다.
- 피자용 치즈는 냉동할 수 있다. 넓게 펴서 제품이 담겨져 있던 봉투나 지퍼백에 넣어 밀폐한다.
- ➡ 언 상태로 조리한다. 빵에 올려 얼린 후 굽기만 하면 피자 토스트 완성.

| 원 포인트 |

- 굳어 버린 치즈는 요리에 넣거나 손으로 잘라 치즈 가루처럼 만들어 이용한다.
- 곰팡이가 핀 치즈는 먹지 않는다(원래 곰팡이가 있는 카망베르나 블루치즈는 예외). 물이 묻으면 곰팡이가 생기기 쉬우므로 자른 부분이 물에 닿지 않게 조심할 것.

요구르트

냉장 보관한다. 개봉 후 먹고 남은 것은 뚜껑을 확실히 닫아 두고 2~3일 이내에 먹을 것.

그대로 냉동하면 분리된다. 거품 낸 생크림이나 설탕과 섞어 냉동하면 아이스 요구르트로 변신.

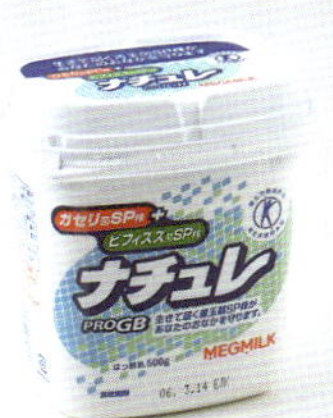

| 원 포인트 |

위에 고여 있는 투명한 액체는 유청(乳淸)으로, 영양분이 풍부하다. 버리지 말고 섞어 먹으면 좋다.

채소

* 채소는 수확 후에도 호흡한다. 그래서 오래 보관하면 겉으로는 변하지 않아도 채소 자체의 영양 성분이나 고유의 맛 성분이 날아가 버려 영양가와 맛이 떨어진다. 가능한 한 맛이 유지되는 기한 내에 먹을 것.
* 냉장고 채소칸에 보관한다. 채소칸은 다른 칸보다 습도와 온도가 높다.
* 종류에 따라 냉장고에 넣을 필요가 없는 채소도 있다. 이런 채소들은 햇빛이 비치지 않는 서늘한 장소(냉암소)에 보관한다. → p.9, 11
* 일반적으로는 씻지 않은 상태로 보관해야 더 오래 보관할 수 있다.
* 데쳐서 냉장고에 넣으면 2~3일 정도 보관할 수 있고 바로 먹을 수 있어 편리하다.

가능하면 재배 환경과 비슷하게

***위로 자라는 채소** – 잎채소나 배추처럼 위로 성장하는 채소는 가능한 한 세워서 보관한다. 눕히면 일어나려는 에너지를 사용하기 때문에 영양분이 손실된다.

***땅 속에서 자라는 채소** – 뿌리 채소나 감자처럼 땅속에서 자라는 채소는 흙이 붙은 상태 그대로 보관해야 오래 보관할 수 있다(단, 냉장고에 넣을 때는 흙을 씻어 낼 것).

***주렁주렁 열리는 채소** – 오이나 토마토, 가지처럼 주렁주렁 열리는 채소는 대부분 추위에 약하므로 지나치게 차갑게 보관하지 말 것.

***잎이 달린 채소** – 무나 순무처럼 잎이 달린 채소는 잎 부분이 영양분을 흡수해서 거칠어지므로 잎을 잘라서 보관한다.

＊기본적으로 생채소를 냉동하는 것은 좋지 않다. 수분과 섬유질이 풍부하기 때문에 가정에서 냉동하면 수분이 팽창해서 조직이 파괴된다. 그러면 흐물흐물해지거나 섬유 조직이 남아서 식감이 나빠진다.

＊데치거나 볶거나 전자레인지에 가열하는 등 익힌 뒤에 얼리는 것이 기본. 하지만 지나치게 데치면 해동할 때 수분이 많이 빠져나오므로 딱딱할 정도로만 살짝 데친다.

＊다지거나 으깨거나 섬유 조직을 파괴하면 생것 그대로 냉동할 수 있는 채소도 있다. 생것을 냉동할 경우에는 신속하게(2주일 정도) 사용한다.

＊뿌리나 씨 등 먹을 수 없는 부분을 제거하고 먹기 편한 크기로 잘라 바로 사용할 수 있는 상태로 만들어 냉동하면 편리하다.

＊냉동하기 전에 키친 타월 등으로 물기를 꼼꼼하게 닦는다. 해동할 때도 물이 나오기 때문에 기본적으로 얼린 상태 그대로 가열 조리한다. 샐러드나 나물을 해동해서 사용할 때는 물기를 짜내고 이용할 것.

Q 채소를 샀을 때 봉투나 팩 그대로 보관해도 좋은가?

A 바로 사용할 것이라면 그대로 이용해도 된다. 이 책에서 '비닐봉투'라고 말하는 경우, 구매했을 때 들어 있던 봉투에 남은 채소를 넣고 입구를 막아도 관계없다. 오랫동안 맛있게 보관하고 싶을 때는 선도 유지 기능이 있는 시판 채소 보관용 봉투(지퍼백)에 옮겨 담으면 효과적이다. 처음부터 지퍼백에 넣어 판매되는 채소도 있다. 밀폐되어 있을 뿐만 아니라 '선도 유지·MA 포장' 등의 표기가 되어 있기 때문에 쉽게 알 수 있다. 이 경우는 다른 봉투에 옮겨 담지 말고 그대로 사용하고 입구를 확실히 봉해 두면 된다.

녹황색 채소(시금치 · 소송채 · 쑥갓 등)

뿌리 부분이 묶여 있으면 테이프를 잘라 낸 뒤 비닐 봉투에 여유 있게 담고 입구를 접어(밀폐하면 상하기 쉽다) 냉장고 채소칸에 넣는다. 가능한 한 세워 넣고, 2~3일 정도 보관할 수 있다.

한데 모아 데쳐서 물기를 제거하여 밀폐 용기에 담아 두면 2~3일 정도 보관할 수 있다. 나물 외에 무침이나 익은 재료를 곁들여 국건더기로 이용해도 좋다.

살짝 데쳐서 잘 짠 다음 물기를 닦아 낸다. 조금씩 나누어 랩으로 싸서 지퍼백에 넣는다(잘라 두어도 좋다).
➡ 나물이나 무침으로 이용할 것이면 자연 해동하고, 가열 조리할 것이면 언 상태로 이용해도 된다. 많은 양을 이용할 경우엔 반해동하여 이용한다.

r e c i p e

냉동 녹황색 채소 나물

(2인분 · 1인분 75kcal)

❶ 냄비에 다시 국물 1/2컵, 미림 1큰술, 간장 1/2큰술을 넣고 펄펄 끓인다.

❷ 잘라 얼린 유부(→ p.72) 1장, 녹황색 채소(소송채나 시금치) 1/2묶음(150g)을 언 상태 그대로 넣어 강한 불에서 1분 정도 끓인다.

※ 냉동하지 않은 재료로도 만들 수 있다.

아스파라거스

●신선도가 떨어지기 쉬우므로 재빨리 사용한 뒤 데쳐서 보관한다.

●비닐봉투 등에 넣어 건조해지지 않도록 채소칸이나 냉장실에 넣는다. 가능한 한 세워서 넣는다. 쓰러지기 쉬우므로 우유팩(씻어서 윗부분을 자른다)에 넣으면 편리하게 보관할 수 있다.

데쳐서 랩으로 싸거나 밀폐 용기에 담아 1~2일 정도 보관할 수 있다.

살짝 데쳐서 물기를 제거하고 조금씩 나누어 랩으로 싸서 지퍼백에 넣는다.

➡자연 해동하여 샐러드 등에 사용하고, 반해동이나 얼린 채로 가열 조리에 사용한다.

풋콩

신선도가 떨어지기 쉬우므로 구입 당일에 데쳐 놓는다. 가지 부분은 떼고, 비닐봉투에 넣어 채소칸에서 다음날까지 보관할 수 있다.

살짝 데쳐서 물기를 제거하고 지퍼백에 넣는다. 콩을 까서 냉동 보관해 놓고 요리에 사용한다.

➡자연 해동하거나 얼린 그대로 다시 한번 살짝 데치는 등 가열 조리에 사용한다.

바로 데쳐서 밀폐 용기 등에 넣어 1~2일 정도 보관할 수 있다.

하늘콩 · 그린피스(완두)

● 꼬투리 채 그대로 보관해야 신선도
가 유지된다. 그대로 비닐봉투에 담
아 채소칸에 넣어 2~3일 이내에 사
용할 것. 조리 직전에 까서 이용한다.
● 꼬투리가 없는 것은 구매한 당일
에 데친다.

● 데쳐서 밀폐 용기 등에 담아 1~2일 정도 보관할 수 있다.
● 냉장하면 딱딱해지므로 먹을 때 한번 더 살짝 데쳐서 먹으면 맛있다.

● 딱딱할 정도로 살짝 데쳐서 물기를
제거하고 지퍼백 등에 넣는다.
➡ 자연 해동하거나 언 상태 그대로 가
열 조리한다.

오크라

아프리카 지역이 원산지이므로 너무 차갑지
않게 보관한다. 들어 있던 망 그대로 두면
건조해지므로 비닐봉투에 넣어 채소칸에 넣
는다. 물에 젖으면 검은색으로 변한다.

살짝 데쳐서(국건더기로 이용한다면 생것도 좋
다) 수분을 제거하고 작게 잘라 밀폐 용기나
지퍼백에 넣는다.
➡ 반해동하여 데치거나 낫토에 넣고, 얼린
그대로 국건더기 등으로 사용한다.

데쳐서 밀폐 용기에 1~2일 정도 보관.

보관

뿌리가 붙은 그대로 뚜껑을
덮거나 비닐봉투에 넣어 세
워서 채소칸에 넣는다. 스
펀지가 물을 공급한다.

냉장

데치면 보관할 수 있지만 양이
적기 때문에 데치는 것보다는
신선한 그대로 먹는 것이 좋다.
국건더기나 익힌 음식에 곁들
이면 금방 다 먹을 수 있다.

냉동

적합하지 않다.

보관

바로 사용하지 않을 때는 붙어 있는 잎을 잘라
낸다. 뿌리와 잎도 비닐봉투에 함께 넣어 채소칸
에 3~4일간 보관할 수 있다.

냉장

잎(줄기도 함께)은 데쳐서 물기를 짜고 밀폐 용기
에 담아 2~3일 정도 보관할 수 있다. 녹색 채소
로 이용할 수 있다. 잎은 데치지 않고 그대로 볶
아 먹어도 맛있다.

순무와 순무잎 무침

냉동

잎은 살짝 데쳐서 물기를 제거한 뒤 조금씩 나누어 랩으로 포장하여 지퍼백에 보관한다.
➡ 자연 해동 또는 반해동하여 국이나 삶은 음식에 곁들인다.

보관

● 통째로 신문지에 싸서 어둡고 서늘한 곳에 1개월 정도 보관 가능하다.

● 자른 호박은 랩으로 확실히 싸서 채소칸에 넣는다. 4~5일 안에 먹어야 한다. 속과 씨 있는 부분부터 상하기 때문에 안을 파내고 자른 단면을 랩으로 싸 두어야 한다. 물기가 묻지 않도록 주의할 것.

냉동

● 잘라서 살짝 데치거나 전자레인지에 가열하여 잘라 으깨고, 조금씩 나누어 랩으로 싸서 지퍼백에 넣는다.

➡ 얇게 자른 것은 해동하여 샐러드에 넣거나 언 상태 그대로 가열 조리한다. 으깨서 냉동하면 수프 등에 바로 넣어 먹을 수 있다(뜨거울 때 으깨어 식혀서 냉동할 것).

● 익혔던 것도 냉동할 수 있다.

| 원 포인트 |

오래되어 자른 단면이 시들고 속이 갈색으로 변했다면 자른 단면을 두껍게 잘라 버리고 씨와 호박속도 넉넉하게 제거한다.

콜리플라워

보관

봉오리가 쉽게 피기 때문에 가능하면 빨리 사용할 것. 랩으로 싸서 채소칸에 넣는다.

냉장

작은 봉오리로 나누어 데쳐 밀폐 용기에 담아 2~3일 정도 보관할 수 있다.

냉동

작은 봉오리로 나누어 살짝 데쳐 지퍼백에 넣는다.

➡ 자연 해동하여 샐러드로 이용하고, 언 상태 그대로 또는 반해동하여 가열 조리한다.

버섯(표고버섯 · 팽이버섯 · 송이버섯 · 새송이버섯 · 나도팽나무버섯)

보관

● 포장 상태 그대로 넣거나 랩으로 싸서 채소칸에 넣는다. 비닐봉투에 넣을 경우 입구를 묶지 않고 그대로 보관할 것. 1주일 정도 보관할 수 있다. 물에 닿으면 쉽게 상하므로 젖지 않게 주의해야 한다.

● 시판되는 버섯은 깨끗한 환경에서 성장한 것이므로 씻지 않고 사용해도 된다. 행주로 닦거나 표면을 살짝 씻으면 OK! 물에 오래 담가 두면 맛과 향이 떨어진다.

● 나도팽나무버섯은 소쿠리에 담아 살짝 씻어서 사용한다.

냉동

생으로 냉동할 수 있다. 물에 젖지 않도록 주의하고(씻지 말고) 뿌리 부분을 자른 뒤 먹기 좋게 자르거나 뭉쳐 있는 부분을 잘 떼어 내고 1회분씩 랩으로 포장해 지퍼백에 넣는다. 새송이버섯은 크기가 크므로 적당하게 잘라 보관한다.

➡ 해동하면 물기가 빠져 나오므로 언 상태 그대로 가열 조리한다.

| 원 포인트 |

● 뿌리의 딱딱한 부분(돌이 붙어 있는 부분)이나 재배용 톱밥이 붙어 있는 부분은 잘라 내야 하지만 그 외에 부분은 전부 먹을 수 있다.

● 버섯 몸통 부분을 보면 흰 선 같은 것이 붙어 있는데, 이것은 '균사'로 버섯이 성장한 부분이다. 인체에 해는 없으므로 안심해도 된다. 곰팡이는 회색으로 바로 전체에 퍼지기 때문에 구별된다.

Q 표고버섯은 주름 있는 부분을 위쪽으로 향하게 두지 않으면 포자가 떨어져 갓이 검어진다고 하는데 정말인가?

A 일본 버섯센터연구소를 비롯한 여러 전문가들의 견해에 의하면 포자가 떨어져도 갓은 검어지지 않고 오히려 하얗게 변한다고 한다. 검게 변하는 이유는 결로된 버섯에 맺힌 수분을 버섯이 흡수한 것으로, 이를 막기 위해서는 수분이 닿지 않게 해야 한다. 구매했을 때 포장 그대로 보관하거나 랩에 싸서 채소칸에 넣고, 비닐봉투에 넣을 경우에는 입구는 막지 않은 상태로 보관할 것. 랩에 비해 비닐봉투는 통기성이 낮고 봉투를 밀폐하면 수분이 쉽게 나올 수 있기 때문이다. 그물망 그대로 보관할 경우 3일 정도는 괜찮지만 이렇게 하면 버섯 표면이 마를 수 있다.

보관

● 겨울에는 통째로 신문지에 싸서 심을 밑으로 가게 하여 어둡고 서늘한 곳에 보관한다. 다른 계절에는 비닐봉투에 넣어 채소칸에 보관한다.

● 양배추는 자르는 것보다 바깥쪽에서부터 한 장씩 떼어 사용해야 더 오래 보관할 수 있다. 비닐봉투나 랩에 싸서 채소칸에 넣는다.

● 잘라서 파는 것은 랩으로 싸서 채소칸에 넣는다.

● 심의 잘린 부분이 갈색으로 변할 경우에는 그 부분부터 상하므로 잘라 버려야 한다.

냉동

통째로 큼직하게 썰거나 네모나게 썰어 살짝 데치거나 생으로 지퍼백에 나눠 담는다.

➡ 언 상태 그대로 가열 조리한다.

원 포인트

● 구매할 때 바깥쪽이 흰 것은 잎을 몇 장씩 벗겨 낸 것이므로 주의한다.

● 잎을 떼어 낼 때는 잎이 붙어 있는 부분에 식칼로 얇게 칼집을 넣는다. 심 근처의 잎을 떼어 내기 어렵다면 덩어리를 잘라 볶거나 수프를 만들거나 소금에 절여 발효 식품으로 이용한다. 심도 얇게 자르면 함께 사용할 수 있다.

오이

비닐봉투에 넣어 가능한 한 꼭지 부분을 위로 오게 하여 채소칸에 넣는다. 4~5일 정도 보관할 수 있다. 겨울에는 어둡고 서늘한 곳에 보관한다.

얇게 잘라 소금을 뿌려 주물러 짜서 지퍼백에 넣는다(이렇게 하면 약간 식감이 변한다).

➡ 자연 해동하여 식초를 뿌려 먹는다.

원 포인트

양이 많을 때는 피클이나 즉석 절임, 볶음, 국건더기 등으로 사용해도 좋다.

Q 금방 흐물흐물해지는 오이를 오래 보관하는 방법은? 오래되어도 먹을 수 있는가?

A 가능하면 신선할 때 먹는 것이 가장 좋다. 그러나 5℃ 이하에 보관하면 쉽게 부패되므로 너무 차갑지 않은 곳에 보관한다. 오래되어도 꼭지 부분이 쥐어 짠 것처럼 가늘고 말랑말랑하다면 그 부분을 잘라 버리고 얇게 썰어 소금을 뿌리거나 식초에 절여 먹으면 된다. 자른 부분이 노란색을 띠는 것은 질기므로 먹지 않도록 한다.

물냉이(크레송)

보관

- 봉투에서 꺼내 두면 바로 시들므로 비닐봉투에 넣어 채소칸에 보관한다.
- 물을 담은 컵에 줄기를 꽂아 두거나 뿌리 부분에 젖은 키친타월을 대고 전체를 비닐봉투로 싸서 냉장고에 넣어 두면 4~5일 정도 보관할 수 있다.

원 포인트

남을 것 같으면 수프 건더기나 나물, 볶음 등에 이용한다.

냉동

살짝 데쳐 물기를 짜고 적당히 잘라 나누어 랩으로 싸서 지퍼백에 넣는다.
➡️언 상태 그대로 가열 조리한다.

우엉

보관

- 건조해지는 것을 막는 것이 가장 중요하다. 흙이 묻어 있는 것이 맛과 향이 좋고 오래 간다. 흙이 묻어 있는 봉투 그대로 어둡고 서늘한 곳에 보관한다.
- 씻은 우엉은 랩으로 싸서 비닐봉투에 넣어 채소칸에 넣는다.

냉동

식감이 조금 나쁘지만 얇게 자르거나 어슷하게 잘라 살짝 데쳐 조금씩 나누어 지퍼백에 넣는다.
➡️언 상태 그대로 가열 조리한다.

보관

건조해지지 않도록 비닐봉투에 담아 채소칸에 넣는다. 가능한 한 빨리, 3~4일 이내에 사용한다.

냉장

줄기가 있다면 떼어 내고, 데쳐서 랩으로 싸거나 밀폐용기에 넣어 2~3일 정도 보관할 수 있다.

냉동

줄기가 있다면 떼어 내고, 살짝 데쳐 조금씩 나누어 랩으로 싸서 지퍼백에 넣는다.
➡ 자연 해동하여 음식에 곁들이거나 언 상태 그대로 가열 조리한다.

고추

보관

들어 있던 팩 그대로 채소칸에 넣는다(넘치면 비닐봉투에 넣어 보관한다).

냉동

적합하지 않다.

차조기 잎

보관

●밀폐하지 않고 상온에 두면 시들거나 색깔이 변한다. 아래 방법으로 채소칸이나 냉장고에 넣으면 1주일 정도는 보관할 수 있다.
●입구가 넓은 병에 담아 줄기가 잠길 정도의 물을 붓고 차조기를 세워 뚜껑을 덮는다. 잎 부분이 물에 닿으면 검은색으로 변하므로 주의할 것. 줄기를 젖은 휴지로 싸도 좋다.

냉동

적합하지 않다. 변색되거나 뭉크러진다.

보관

표면을 말린 뒤 랩으로 싸서 채소칸에 넣는다. 추운 계절에는 실온에 두어도 괜찮다.

냉동

더러운 부분을 제거한 뒤 물기를 닦아 내고 조금씩 나누어 랩으로 싸서 지퍼백에 넣는다(SOS 참조).
➡언 상태 그대로 조리한다.

| 원 포인트 |

재료가 남을 것 같으면 넉넉하게 얇게 썰어 볶거나 삶아서 이용한다. 채 썰어 밥을 지을 때 함께 넣어도 된다. 감식초에 절이면 냉장에서 3개월 정도 보관할 수 있다.

SOS 구입한 생강을 모두 사용해 본 적이 없다. 게다가 냉동 후 해동하면 말랑말랑해져 으깨진다.

A 언 상태 그대로 사용하는 것이 포인트. 생강을 냉동하는 방법은 다양하므로 자신에게 가장 편리한 방법을 이용하면 된다.

- 1회분(10g 정도)씩 자른다.
- 으깨서 얇게 편 상태로 나중에 사용하기 쉽게 젓가락으로 선을 그어놓는다.
- 다지거나 채쳐서 얇게 썰어 놓는다.
- 잘 씻어 통째로 냉동하고 필요한 만큼 으깨서 바로 냉동실에 다시 넣는다. 껍질을 벗길지 말지는 자신의 기호에 따라 선택한다.

1회분

으깨서

통째로

얇게 자르기

---

recipe

생강 감식초 절임(20g · 9kcal)

❶ 식초 1컵에 설탕 40g, 소금 1/3작은술을 넣어 끓이면서 녹인다.

❷ 생강 300g은 껍질을 벗겨(싱싱한 생강은 더러운 부분만 제거하고 이용) 얇게 썰거나 채 썬다.

❸ ②를 뜨거운 물에 1분 정도 데쳐 수분을 제거한 뒤 ①의 감식초에 절인다.

※ 바로 먹어도 되지만 2~3일간 그대로 두었다가 먹으면 더 맛있다. 싱싱한 생강이 더 맛있다.

주키니 호박

고온을 좋아하므로 통째
로 상온 보관한다. 사용하
고 남은 것은 랩으로 싸서
채소칸에 넣는다.

적합하지 않다. 식감
이 변한다.

미나리

뿌리 부분에 물을 약간
묻혀 비닐봉투에 담아
채소칸에 넣는다. 2~3
일 이내에 사용한다.

데쳐서 밀폐 용기에 넣고
1~2일 내에 사용한다.

적합하지 않다. 색깔이
변하고 질겨진다.

recipe

주키니 호박 튀김(2인분 · 1인분 62kcal)

❶ 주키니 호박 1개(150g)를 4등분하여 다시 반
으로 갈라 녹말가루 1/2큰술을 골고루 묻힌다.

❷ 샐러드유 4큰술을 중간 온도(170℃)로 달구어
호박을 튀긴다(프라이팬을 조금 기울여 기름을 모으
면 소량의 기름으로도 튀김을 할 수 있다). 소금을 뿌
리거나 간장 소스를 뿌려 먹는다.

※ 주키니 호박은 오믈렛이나 볶음 요리, 전자레인지에
가열해서 나물 등으로 이용해도 좋다.

보관

● 잎과 줄기로 나누어 랩이나 비닐봉투에 싸서 채소칸에 넣는다.

● 줄기보다 잎이 상하기 쉽다. 줄기는 3~4일, 잎은 2일 정도 보관할 수 있다.

냉동

생으로 잎을 줄기처럼 잘게 썰어 조금씩 나누어 랩으로 싸거나 얇게 펴서 지퍼백에 넣는다.

➡ 언 상태 그대로 수프에 이용하거나 볶음으로 이용한다.

▌원 포인트 ▌

줄기나 잎은 양파 가장자리나 파슬리 줄기 등을 이용해 묶어 다발을 만들어(부케가르니, Bouquet Garni) 수프나 푹 삶는 요리의 향신료로 사용한다.

recipe

셀러리 잎과 줄기도 버리지 말자!

이 밖에도 수프나 곁들여 먹는 채소, 볶음 요리 등으로 이용한다.

셀러리 잎 가다랑어 포 무침

(2인분 · 1인분 39kcal)

❶ 셀러리 잎과 가는 줄기 100g을 살짝 데쳐서 잘게 썰어 물기를 제거한다.

❷ 참기름 1큰술을 넣어 볶다가 간장과 식초 각 2작은술을 넣고 볶는다. 얇게 깎은 가다랑어 포 1팩(3g)을 섞는다.

셀러리 잎 버터 볶음

(2인분 · 1인분 46kcal)

❶ 셀러리 2~3개 분량의 잎(약 100g)의 물기를 제거하여 먹기 좋은 크기로 잘라 버터 10g을 두르고 볶는다.

❷ 소금, 후추, 간장 1/2작은술을 뿌린다.

보관

● 잎이 붙어 있다면 잎을 자른다. 잎을 그대로 두면 무에 바람이 들기 쉽다.

● 통째로 보관할 경우, 가을·겨울에는 신문지에 싸서 잎 부분을 위로 가게 하여 어둡고 서늘한 곳에 보관하고, 봄·여름에는 비닐봉투에 넣어서 채소칸에 넣는다.

● 사용하고 남은 것은 자른 단면을 랩으로 싸서 비닐봉투에 넣어 채소칸에 보관한다.

냉동

● 잎은 데쳐서 물기를 짜고 적당한 크기로 잘라 조금씩 나누어 랩으로 싸서 지퍼백에 넣는다.

➡ 언 상태 그대로 조리한다.

● 뿌리 부분은 맛과 향이 떨어지기 때문에 적합하지 않다.

> **원 포인트**
>
> 뿌리에 바람이 들면(구멍이 숭숭 난 것) 맛이 떨어진다. 국에 이용하는 정도라면 먹을 수 있겠지만 공을 들여 만드는 요리라면 사용하지 말 것.

r e c i p e

무청과 껍질도 버리지 말자!

무청은 영양이 풍부한 녹황색 채소다. 줄기를 데쳐 잘게 잘라 국건더기로 이용하거나 채소밥을 만든다. 잎 끝은 잘라 버리고 전자레인지에 건조시켜 밥에 뿌려 먹는다. 껍질을 두껍게 벗겨 남은 껍질도 국건더기나 잘게 썰어 볶아 간장을 뿌리거나 절임 요리로 사용할 수 있다.

무청 찜 (4인분·1인분 71kcal)

❶ 무청 200g을 살짝 데쳐서 잘게 썬다.

❷ 유부 한 장을 잘게 잘라 뱅어포 2큰술(10g)과 무청을 넣고 기름 1/2큰술을 둘러 볶는다.

❸ 간장·미림·청주를 각 1큰술씩 넣어 간을 맞춘다.

무 껍질 볶음 (2~3인분·1/3양 78kcal)

❶ 무 껍질 150g을 막대 모양으로 잘라 붉은 고추 1/2개를 썰어 넣고 기름 1큰술을 둘러 볶는다.

❷ 청주·간장 각 1큰술, 미림 1/2큰술을 넣고 볶다가 참깨 1큰술과 참기름 1/2작은술을 넣는다.

●밀폐 용기에 넣고 물을 부어 냉장 보관한다. 매일 물을 바꾸어 주면 1주일 정도 보관할 수 있다. 진공 팩에 들어 있는 것도 개봉했다면 같은 형태로 보관한다.
●남은 양이 적을 경우에는 랩으로 싸서 냉장 보관한다.

식감이 변하기 때문에 적합하지 않다. 익힌 것은 잘게 잘라 냉동하면 먹을 수 있지만 그래도 식감은 변한다.

양파

●오래가는 채소지만 습기를 싫어하므로 종이나 바구니에 넣거나 바람이 잘 통하도록 입구를 연 채로 비닐봉투에 넣어 직사광선이 닿지 않는 곳에 보관한다. 여름에는 비닐봉투에 넣어 채소칸에 넣는다.
●사용하고 남은 것은 랩으로 싸서 채소칸에 넣는다. 싱싱한 양파나 붉은 양파도 수분이 많아 쉽게 상하므로 비닐봉투에 담아 채소칸에 넣어 보관한다.

●생것은 쓴맛이 나기 때문에 적합하지 않다.
●잘게 썰어 투명해질 때까지(사진에서는 갈색이 될 때까지) 볶거나 랩을 씌우지 않은 상태로 전자레인지에 가열하여 식혀서 1회 분량씩 지퍼백에 넣는다.
➡ 카레 등에 사용한다면 언 상태 그대로 넣고, 햄버거에 넣을 거라면 해동하여 사용한다.

SOS 양파 싹이 나왔다. 썩었다!

A 양파는 오래두면 색이 변하고 끝에서 싹이 나오기 시작한다. 그러나 반투명하게 변색된 부분을 1~2장 벗겨 내면 다시 사용할 수 있다. 심이 상했다면 그 부분을 잘라 버리고 이용할 것.

청경채

비닐봉투에 넣어 가능한 한 세워서 채소칸에 보관한다.

데쳐서 밀폐 용기에 담아 2~3일 정도 보관할 수 있다.

생것 그대로 큼직하게 통째로 썰거나(뿌리 쪽 둥근 부분은 조금 잘라낸다) 살짝 데쳐서 조금씩 나누어 랩으로 싸서 지퍼백에 넣는다.

➡ 언 상태로 가열 조리한다.

옥수수

신선도나 단맛이 떨어지기 쉬우므로 구입한 날 데치거나 전자레인지에 가열한다.

데쳐서 랩으로 싸서 밀폐 용기에 1~2일 정도 보관할 수 있다.

살짝 데쳐서 낱알을 떼어 지퍼백에 얇게 펴서 넣으면 통째로 보관하는 것보다 맛이 오래 유지된다.

➡ 언 상태 그대로 가열 조리.

토마토

●파란 토마토는 실온에 두면 숙성된다. 익은 것은 채소칸에 넣는다.

●비닐봉투에 담아 채소칸에 넣는다. 꼭지 쪽을 아래쪽으로 향하게 두면 쉽게 상하지 않는다. 다른 채소를 위에 올려놓지 말 것.

●통째로 랩으로 싸서 지퍼백에 넣는다. 냉동한 것은 물에 담그면 껍질이 쉽게 벗겨진다. 꼭지를 뗀 뒤 뜨거운 물에 데쳐서 벗기는 것도 방법.

➡ 언 상태 그대로 소스나 스튜 등에 이용한다.

●익혀서 소스로 만들어 얼려도 좋다.

●방울토마토는 찌그러진 껍질이 입 안에 남기 때문에 적합하지 않다.

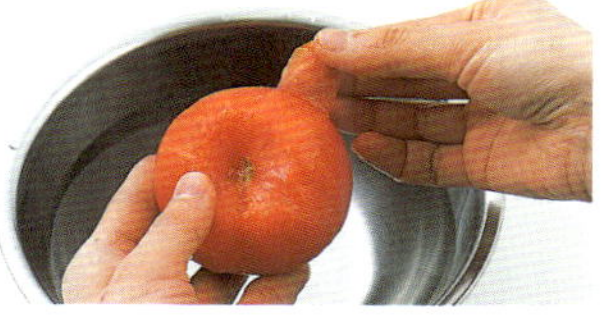

보관

● 저온에 약하고, 냉장 보관하면 딱딱해지거나 시든다.
● 젖지 않게 비닐봉투 등에 넣어 2~3일 정도 실온에서 시원한 장소에 보관한다. 그 이상 보관할 경우에는 채소칸에 넣되, 신속하게 사용한다.

냉동

갈색으로 변하므로 적합하지 않다.

｜ 원 포인트 ｜

자른 단면부터 색이 변하므로 자른 것은 남기지 않고 다 사용하는 것이 좋다. 된장국이나 소금에 절여 놓아도 된다.

Q 가지를 냉장고에 계속 넣어 두면 속에 검은 돌기 같은 것이 생기는데, 이렇게 되면 먹을 수 없는가?

A 오래되면 시들고 윤기가 없어지는 것이 당연. 또 냉장고에 오래 놓아두면 검은 알갱이가 생긴다. 먹을 수는 있지만 맛이 떨어지므로 된장 볶음이나 찜처럼 맛이 깊은 요리에 이용하면 좋다.

보관

비닐봉투에 넣어 세워서 채소칸에 보관한다.

냉장

데쳐서 밀폐 용기에 담아 2~3일 정도 보관할 수 있다.

냉동

살짝 데쳐 물기를 제거하고 물기를 꼭 짜서 잘라 조금씩 나누어 랩으로 싸서 지퍼백에 넣는다.
➡ 자연 해동하여 나물로 먹거나 언 상태 그대로 가열 조리한다.

여주(고야)

속을 제거하고 데쳐서 밀폐 용기에 담아 2~3일 보관할 수 있다.

●속 제거 방법

세로로 반을 갈라 스푼으로 하얀 속과 씨를 파낸다. 링 형태로 사용하고 싶을 때는 끝을 자른 뒤 중간까지 속을 파내고 파낸 부분까지 잘라 다시 속을 파면 나누지 않고 깨끗한 링 모양으로 사용할 수 있다.

비닐봉투에 넣어 채소칸에 보관한다. 통째로 넣을 경우 1주일 정도 보관할 수 있다.

속을 제거한 뒤 생으로 작게 잘라 조금씩 나누어 랩으로 싸서 지퍼백에 평평하게 펴서 보관한다.
➡언 상태 그대로 가열 조리한다.

부추

빨리 시들기 때문에 비닐봉투에 넣고 입구를 막아 채소칸에 넣는다. 물에 닿지 않게 주의하고, 2일 이내에 먹을 것.

데쳐서 밀폐 용기에 담아 2~3일 정도 보관할 수 있다. 나물 이외에 낫토와 섞어 먹어도 맛있다.

생것 그대로 먹기 편하도록 잘라서 지퍼백에 넣는다.
➡언 상태 그대로 가열 조리한다.

마늘

●보관하기 쉬운 편이지만 습기가 많으면 곰팡이가 피거나 부패할 수 있다. 망에 담아 햇빛에 말리거나 매달아 두거나 냉장고에 넣어 둔다. 특히 여름철에는 냉장 보관해야 한다.
●껍질을 벗기면 보관이 쉽지 않으므로 사용할 만큼만 까서 이용하고, 비닐봉투에 담을 경우에는 밀폐하지 않는 것이 좋다.

●잘게 썰어 보관한다.
●한 쪽씩 껍질을 벗겨 보관한다.
●통째로 가로로 절반을 잘라(속만 꺼내기 쉽다) 랩으로 싸서 지퍼백에 넣는다.
➡언 상태 그대로 가열 조리한다.

SOS 마늘 싹이 나오고 말라비틀어졌다.

A 싹이 났다고 해서 해롭지는 않지만, 싹이 나거나 말라비틀어진 마늘은 맛이 없으므로 사용하지 않도록 한다.

│ 원 포인트 │

올리브유 절임이나 간장 절임으로 만들면 바로 요리에 사용할 수 있고 보관하기도 좋다. 실온에서 2주 정도 보관할 수 있다(검은색으로 변하지만 아무 문제없다).

당근

- ●랩으로 싸거나 비닐봉투에 넣어 채소칸에 넣는다.
- ●젖어 있으면 쉽게 상하므로 사용하고 남은 것은 물기를 잘 닦아 자른 단면을 랩으로 잘 싼다.

데쳐서 밀폐 용기에 담아 2~3일 정도 보관할 수 있다.

생으로 잘게 자르거나 얇게 잘라서 데쳐 지퍼백에 넣어 보관한다.
➡자연 해동 또는 언 상태 그대로 가열 조리한다.

Q 당근 주변이 검은색을 띠면 먹을 수 없는가?

A 표면의 일부나 자른 단면이 검은색을 띤다면 껍질을 벗겨 상한 부분을 두껍게 잘라 내고 가열하는 요리에 사용해야 한다. 너무 오랫동안 그대로 두어서 나무처럼 딱딱해진 것은 가열해도 변하지 않으므로 바로 버릴 것.

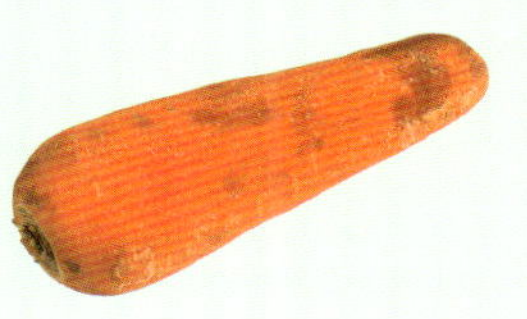

실파

실파는 작게 잘라 조금씩 나누어 지퍼백이나 밀폐 용기에 담아 보관한다.
➡반해동하여 양념으로 이용하거나 언 상태 그대로 국건더기 등에 이용한다.

비닐봉투에 넣어 채소칸에 보관한다.

대파

- 겨울 흙이 묻은 파는 흙을 털어 내지 말고 파가 들어 있던 봉투 그대로 시원한 곳에 보관한다. 뿌리를 아래쪽으로 향하게 세워 두면 10일 정도는 보관할 수 있다.
- 깨끗한 것은 적당한 길이로 잘라 랩으로 싸서 채소칸에 넣는다.

작은 크기로 잘라 지퍼백에 얇게 펴서 넣는다.

➡ 언 상태 그대로 국건더기나 볶음 요리에 사용한다. 해동해서 양념으로 사용하는 것은 피할 것.

원 포인트

잎 부분도 작게 자르거나 채쳐서 국에 사용할 수 있다. 딱딱해서 먹기 힘들 때는 수프나 볶음 요리에 향신료로 첨가한다. 파란 부분은 냉동할 수도 있다.

Q 파의 심 부분이 딱딱해졌거나 커져서 구멍이 난 것은 사용할 수 없나?

A 그렇지 않다. 심 부분을 제거하고 이용하면 상관없다.

파슬리

오래 보관하기 위해서는 물에 담갔다가 물기를 제거한 뒤 비닐봉투에 넣어 냉장 보관한다. 컵에 물을 담아 파슬리를 꽂고 비닐봉투를 씌워 냉장고에 넣어도 된다. 쓰러지지 않게 주의할 것.

물기를 제거하고 잘게 썰어 지퍼백에 얇게 펴 넣거나 밀폐 용기에 담아 보관한다. 잎을 뜯어 지퍼백에 넣어도 된다. 얼린 다음 봉투를 비비면 가루처럼 곱게 부서진다.

➡ 언 상태 그대로 사용한다.

원 포인트

줄기는 수프나 소스의 향신료로 이용한다(부케가르니 →p.46).

보관

● 추운 계절에는 통째로 신문지에 싸서 서늘한 곳에 심을 아래로 향하게 하여 세워 두면 약 2주 정도 보관할 수 있다(옆으로 놓으면 무게 때문에 눌린 부분이 상한다).

● 자른 단면부터 상하므로 가능한 한 잎을 1장씩 떼어 사용한다.

● 실온이 높을 경우에는 비닐봉투에 넣어 채소 칸에 보관한다.

● 잘라 둔 것은 랩으로 확실히 싸고 세워서 채소 칸에 보관한다.

냉장

데쳐서 밀폐 용기에 담아 2~3일 정도 보관할 수 있다. 나물이나 무침으로 사용한다.

냉동

생으로 잘게 자르거나 통째로 큼직하게 썰어 살짝 데쳐 물기를 꼭 짜서 지퍼백에 넣는다.

➡ 언 상태 그대로 가열 조리한다.

Q 배추를 자른 단면이 부풀어올랐는데 먹어도 될까? 참깨 같은 점들이 붙어 있는 것은 안심하고 먹어도 될까?

A 잘라서 파는 배추를 샀는데 심 부분이 부풀어오른 것은 날짜가 지나 성장했기 때문이다. 그러므로 바로 사용하는 것이 좋다. 보관 도중에 부풀어오른 것도 충분히 먹을 수 있다. 검게 얼룩진 것은 병이 든 것이 아니라 배추가 자라면서 생기는 심리 반응 때문이다. 맛은 거의 변하지 않고, 먹어도 인체에 해는 없다.

브로콜리

보관

● 채소칸보다는 생선처럼 저온 보관해야 오래 간다. 비닐봉투에 넣어 입구를 닫아 신선칸에 보관할 것. 가능하면 줄기를 아래로 향하게 하여 세워서 보관한다.
● 봉오리가 열리고 쉽게 변색되므로 2~3일 안에 사용한다.

냉장

작은 봉오리로 나누어 데쳐서 밀폐 용기에 담아 2~3일 정도 보관할 수 있다.

냉동

작은 봉오리로 나누어 살짝 데쳐서 조금씩 나누어 지퍼백에 넣는다.
➡ 자연 해동하여 샐러드나, 언 상태 그대로 이용하거나 반해동하여 가열 조리한다.

56

브로콜리 줄기

브로콜리 줄기 잎 볶음
(2인분 · 1인분 59kcal)

❶ 브로콜리 줄기와 잎(150g)을 떼어 줄기의 딱딱한 껍질을 잘라 내고 얇은 원형으로 자른다. 뜨거운 물에 소금을 약간 넣고 잎과 줄기를 살짝 데쳐 물기를 제거한다.
❷ 팬에 샐러드유 1/2큰술을 넣고 브로콜리를 넣어 볶는다. 소금과 후추로 간을 맞춘 뒤 간장 1작은술을 넣고 가다랑어 포를 조금 뿌린다.

버리지 말자!

줄기의 딱딱한 껍질을 벗겨서 작은 봉오리와 함께 데친다.
얇게 썰거나 채치면 작은 봉오리와 함께 사용할 수 있고, 얼릴 수도 있다.

브로콜리 참깨 무침

(2인분 · 1인분 42kcal)

❶ 브로콜리 1/2줄기(150g)를 작은 봉오리로 나누어 줄기의 딱딱한 껍질을 벗겨 내고 얇게 잘라 살짝 데쳐 물기를 제거한다.

❷ 갈아 으깬 참깨(흰 것) 1큰술, 청주 · 간장 · 다시 국물 각 1/2큰술을 넣은 뒤 브로콜리와 함께 버무린다.

브로콜리 베이컨 오븐 요리

(2인분 · 1인분 248kcal)

❶ 냉동한 브로콜리 100g에 물을 살짝 끼얹어 반해동하여 물기를 제거한다.

❷ 얼린 베이컨(→p.27) 1장을 언 상태 그대로 가늘게 자른다.

❸ 달걀 1개, 커피용 크림 4개(또는 생크림 20g), 소금 · 후추를 약간 넣고 섞는다.

❹ 도자기로 만든 소형 그릇에 ①과 ②를 넣고 ③을 끼얹는다. 치즈가루 1/2큰술을 뿌리고 오븐토스터에서 6~8분 정도 표면이 갈색을 띨 때까지 굽는다.

※ 얼리지 않은 재료로도 만들 수 있다.

보관

들어 있던 팩 그대로 채소칸에 넣는다. 바질은 2～3일 내에 사용한다. 젖은 로즈마리나 타임은 티슈로 뿌리 부분을 싸서 밀폐 용기에 담아 보관하면 1주일 이상 보관할 수 있다.

냉동

●씻지 않고 조금씩 나누어 랩으로 싸서 지퍼백에 넣는다.

●바질 잎은 색이 변하지만 향은 남아 있기 때문에 가열 조리용으로 사용한다. 1줄기 또는 1회분씩 랩으로 싸서 지퍼백에 넣는다.

➡언 상태 그대로 조리한다.

┃ 원 포인트 ┃

남았다면 허브티나 허브 버터로 이용한다. 허브티는 적당량(1인분 : 잎이라면 가볍게 한 줌)을 잘게 잘라 포트에 넣고 뜨거운 물을 부어 뚜껑을 덮고 3분 정도 기다린다. 양과 시간은 기호에 따라 조절한다.

보관

●비닐봉투에 담아 채소칸에 넣는다. 오래 두면 보기에는 크게 변하지 않더라도 맛이 씁쓸해지거나 부패하므로 빨리 먹어야 한다.

●녹색 피망을 실온에 두면 붉게 변하기도 한다. 숙성한 것이므로 먹어도 된다.

냉장

데쳐서 밀폐 용기에 담아 1～2일 정도 보관할 수 있다. 데치면 냄새가 줄어든다.

냉동

꼭지와 씨를 제거하여 생으로 가늘게 자른다. 조금씩 나누어 랩으로 싸서 지퍼백에 넣는다(조금 데친 듯한 식감이 든다).

➡자연 해동하여 샐러드로 사용하거나 언 상태 그대로 가열 조리한다.

보관

비닐봉투에 넣어 채소칸에 보관한다.

냉장

데쳐서 밀폐 용기에 담아 1~2일 정도 보관
할 수 있다.

냉동

먹기 좋은 크기로 잘라 조금씩 나누어 지퍼
백에 넣는다. 데쳐서 얼리면 질겨진다.
➡ 언 상태 그대로 가열 조리한다.

파드득나물

보관

쉽게 시들므로 비닐봉투나 구입한 팩 그대
로 채소칸에 넣는다. 스펀지가 마르면 물을
공급해 준다.

냉장

데쳐서 밀폐 용기에 담아 2~3일 정도 보관
할 수 있다.
나물, 무침, 생선 조림에 곁들여 사용한다.

냉동

적합하지 않다.

> **│ 원 포인트 │**
>
> **뿌리를 길러 '우리집 채소'로**
>
> 파드득나물 뿌리나 미나리, 실파 등은 다 먹은
> 뒤에 남은 뿌리를 플랜터에서 기르면 다시 살
> 아난다. 파 뿌리에서는 파란 파가 나온다. 많은
> 양을 수확할 수는 없지만 양념 정도는 만들 수
> 있어 요긴하다.
>
> 파드득나물은 컵
> 에 물을 부어 담
> 가 두면 OK. 컵
> 의 물은 1~2일
> 간격으로 갈아 주
> 는 것이 좋다.

보관

밀폐 용기에 담거나 랩으로 싸서 채소칸에 넣는다. 젖지 않도록 주의할 것. 신선도가 떨어지면 향도 줄어들므로 적은 양을 구입해서 사용하도록 한다.

냉동

적합하지 않다.

│ 원 포인트 │

남을 것 같으면 된장국이나 볶음, 튀김, 식초 절임으로 이용한다.

콩나물 · 숙주나물

보관

● 공기에 노출되면 색깔이 변하므로 남으면 봉투 속의 공기를 가능한 한 빼고, 입구를 막아 냉장실이나 채소칸에 보관한다. 쉽게 상하므로 1~2일 이내에 사용한다.
● 수용성 비타민이 빠져나가고 세균이 증식하기 쉬우므로 물에 젖지 않도록 한다.

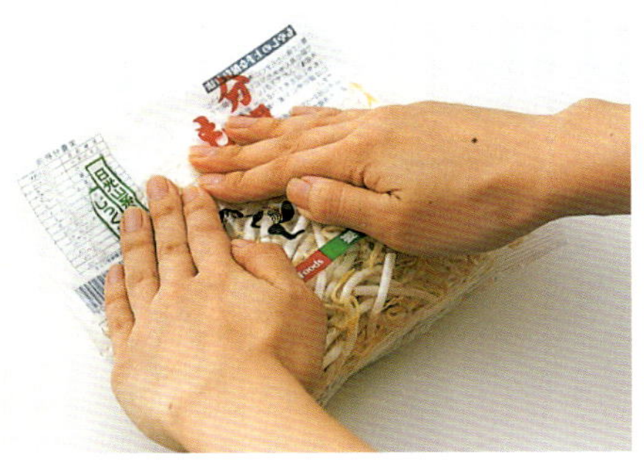

냉장

남으면 살짝 데쳐서(전자레인지에 가열해도 좋다) 간장 식초에 무치거나 라면에 듬뿍 얹어서 먹는다. 데쳐서 밀폐 용기에 담아 2~3일 정도 보관할 수 있다.

냉동

적합하지 않다.

Q 색깔이 변한 나물은 먹을 수 없나?

A 다소 변색되어 조금 이상한 냄새가 나는 정도라면 갈색으로 변한 뿌리 수염 부분을 잘라내고 이용하면 된다. 그러나 물기가 나와 끈적끈적해졌다면 사용할 수 없으므로 버릴 것.

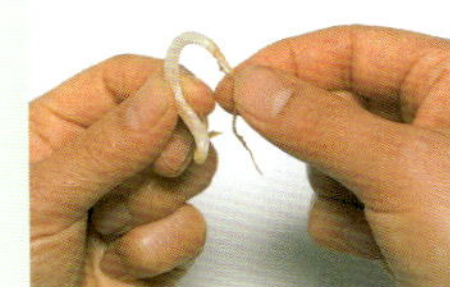

모로헤이야

비닐봉투에 넣어 채소칸에 넣는
다. 쉽게 상하므로 재빨리 사용
하고, 남은 재료는 데쳐서 보관
한다.

데쳐서 밀폐 용기에
담으면 2일 정도 보
관할 수 있다.

원 포인트

잎을 뜯어 사용한다. 데쳐서 나물
로 이용하거나 식초를 넣어 생으
로 무치거나 잘게 썰어 수프나 된
장국에 넣거나 튀김으로 이용해도
좋다.

데쳐서 잘게 썰어 조
금씩 나누어 지퍼백
에 넣는다.
언 상태 그대로 가
열 조리한다.

연근

● 통째로 신문지에 싸거나 비닐봉투에 넣어
채소칸에 넣는다.
● 사용하고 남은 것은 자른 단면을 랩으로
싸서 비닐봉투에 넣어 채소칸에 넣는다.

5㎜ 정도 두께로 잘라 살짝 데쳐서 지퍼백
에 넣는다.
언 상태 그대로 가열 조리한다.

보관

● 잎이 잘라졌거나 부서졌다면 그 부분부터 상하므로 떼어 낼 것. 랩으로 싸거나 비닐봉투에 넣어 심을 아래로 향하게 하여 채소칸에 넣는다.

● 심을 자른 단면이 갈색으로 변하면 그 부분부터 상하므로 잘라 낼 것. 양상추는 심의 자른 단면에서 나오는 우유빛 액이 부패의 원인이 되므로 심을 도려내고 보관한다.

냉동

적합하지 않다.

원 포인트

남을 것 같으면 가열해 보자. 부피가 줄어 부담 없이 먹을 수 있다. 볶음이나 수프 건더기로도 좋다. 바깥쪽의 진한 잎은 질기기 때문에 가열하면 쉽게 먹을 수 있다.

수프

볶음

r e c i p e

양상추 오일 무침 (2인분 · 1인분 73kcal)

❶ 파 1/4개와 생강 1쪽(10g)을 채 썰어 물에 헹구어 물기를 제거한다.

❷ 간장 1작은술, 청주 1큰술, 소금을 약간 넣고 섞는다.

❸ 양상추 1/4개(100g)를 큼직하게 찢어 소쿠리에 담는다. 먹기 직전에 양상추에 뜨거운 물을 뿌려 물기를 제거한 뒤 접시에 담는다.

❹ ③에 ①을 올리고 ②를 뿌린다. 참기름 1큰술을 작은 냄비에 데워 골고루 뿌린다.

보관

● 랩으로 싸거나 밀폐 용기에 담아 채소칸에 넣는다.

● 남은 것은 자른 단면을 랩으로 잘 싸서 밀폐 용기에(자른 면부터 상하므로 2~3일 내에 사용하지 않을 것이라면 즙과 알맹이를 나누어 사용하거나 얼린다) 넣는다.

냉동

● 통째로 랩으로 싸거나 비닐봉투에 넣어 밀폐한다.

➡ 언 상태 그대로 껍질을 잘라 내거나 갈아서 바로 다시 얼린다.

● 껍질은 잘라 내거나 채쳐서 랩으로 싸서 지퍼백에 넣는다. 즙이 많으면 잘 짜서 밀폐 용기에(얼음 얼리는 그릇에 조금씩 얼리면 쉽게 나누어 쓸 수 있다) 담는다.

➡ 껍질은 언 상태 그대로, 즙은 자연 해동하여 이용한다.

recipe

유자 간식(총 81kcal)

❶ 유자 알맹이 1개 분량(약 60g)의 씨를 제거하여 가늘게 썬다.

❷ 설탕 1.5큰술과 유자를 섞어 잠깐 그대로 두어 맛이 배어들게 한다.

※ 같은 방법으로 레몬을 동그란 모양으로 잘라 설탕 절임을 만들어도 맛있다.

감자·밤

* 감자류는 기본적으로 냉장고에 넣지 않는 것이 좋다. 햇빛이 비치지 않는 시원한 곳(냉암소)에 둔다. 여름에는 냉장고 채소칸에 넣을 것. 사용하고 남은 것을 랩으로 싸서 밀폐 용기에 담고 채소칸이나 냉장실에 보관한다.

토란

보관

● 저온과 건조에 약하며, 흙이 묻은 것을 비닐봉투에 밀폐한 채 그대로 두면 부패하기 쉽다.

● 약 1주일 정도라면 흙이 묻은 그대로 신문지에 싸거나 비닐봉투에 입구를 열어 어둡고 서늘한 곳에 보관한다. 그 이상 보관하려면 흙을 씻어내고 건조하여 신문지에 싸거나 종이봉투에 담아 냉암소에 보관한다.

냉동

● 살짝 데치거나 전자레인지에 가열하여 먹기 좋은 크기로 잘라 지퍼백에 넣는다.
➡ 언 상태 그대로 가열 조리한다.
● 익힌 것도 냉동할 수 있다.
➡ 언 상태 그대로 가열 또는 자연 해동.

고구마

보관

● 적정 온도는 13~15℃다. 냉장 보관하면 쉽게 상하므로 신문지에 싸서 실온에 보관한다. 비닐봉투를 밀폐하면 고구마가 숨을 쉬지 못해 상한다.

● 사용하고 남은 것은 쉽게 상하므로 랩으로 싸서 채소칸에 넣는다.

냉동

잘라서 데치거나 삶아서(전자레인지에 가열해도 된다) 뜨거울 때 으깨어 식힌 다음 지퍼백에 얇게 펴 넣는다.

➡자연 해동하거나 언 상태 그대로 가열 조리한다.

r e c i p e

고구마 껍질, 버리지 말자!

껍질을 두껍게 벗긴 요리가 많으므로 껍질도 버리지 말고 활용해 보자.
알맹이와 함께 익히거나 국건더기로 이용할 수 있다.
기름에 천천히 볶아 설탕을 뿌리거나 감식초 소스를 곁들여도 맛있다.

고구마 껍질 간장 볶음(2인분 · 1인분 139kcal)

❶ 고구마 껍질 120g을 가늘게 잘라 물에 헹구어 물기를 제거한다.

❷ 붉은 고추 1/2개를 씨를 빼서 원형으로 자른다.

❸ 냄비에 참기름 1/2큰술을 넣고 가열하여 고구마와 고추를 넣어 볶는다.

❹ 미림 · 간장 · 청주 각 1큰술과 물 2큰술을 넣고 뚜껑을 닫아 약한 불에서 3분 정도 익힌다.

❺ 뚜껑을 열어 물기가 빠지도록 강한 불에 가열한 뒤 참깨 1작은술을 뿌린다.

보관

● 온도가 높으면 빨리 상하고, 빛에 닿으면 싹이 나기 쉽다. 비닐봉투에서 꺼내 신문지에 싸거나 종이 봉투에 넣어 어둡고 서늘한 곳에 보관한다.

● 더운 계절에는 비닐봉투에 넣어 채소칸에 넣는다. 사용하고 남은 것은 랩으로 싸서 채소칸에 넣는다.

냉동

식감이 변하기 때문에 적합하지 않다. 오래 보관할 수 있기 때문에 냉동할 필요는 없다.

SOS 부엌에 감자를 내버려두었더니 싹이 났다!

A 감자는 태양빛이나 조명을 받으면 광합성을 하여 싹이 나거나 껍질이 녹색으로 변한다. 이 부분에는 솔라닌이라는 유독 물질이 생기는데, 그 부분의 껍질을 두껍게 잘라내고 싹이 난 부분을 깊게 도려내면 먹을 수 있다. 빛이 닿지 않도록 보관하고, 싹이 나거나 색깔이 변하기 전에 빨리 먹는 것이 중요하다.

참마

보관

신문지에 싸서 서늘한 곳에 보관한다. 남은 것은 자른 단면을 랩으로 싸서 비닐봉투에 넣어 채소칸에 보관한다.

냉동

생것 그대로 가늘게 자르거나 갈아서 지퍼백에 넣어 보관한다.

➡ 자연 해동한다.

▌ 원 포인트 ▐

적은 양이 남았다면 가늘게 잘라 즙이나 무침, 샐러드에 이용하고, 즙을 내서 된장국에 넣거나 두부에 뿌려 먹어도 된다.

밤

보관

시판되는 대부분의 밤은 벌레를 죽이기 위해 훈증 처리를 하지만 벌레가 완전하게 죽지 않기 때문에 가능하면 빨리 먹어야 한다. 특히 집이나 밭에서 수확한 밤은 아무런 처리도 하지 않기 때문에 금방 벌레가 생긴다. 그러므로 수확한 다음날까지는 모두 이용하고, 사용하기 전까지는 통풍이 잘되도록 신문지에 싸서 채소칸이나 냉장실에 보관한다.

냉장

익힌 밤은 밀폐 용기 등에 담아 4~5일 정도 보관할 수 있다.

냉동

● 삶거나 쪄서 지퍼백에 넣는다. 나중에 가열 조리할 예정이라면 살짝 익힌다. 생으로 냉동할 수도 있지만 벌레가 남아 있다면 사용할 수 없으므로 가열하여 냉동하는 것이 좋다.

● 겉껍질과 속껍질은 벗겨도 되고 벗기지 않아도 된다.

➡ 그대로 먹는다면 자연 해동하고, 가열 조리한다면 언 상태 그대로 사용한다.

남은 채소도 쓸모 있게!

보관하기엔 부족하고 다 먹자니 부담되고, 이처럼 어중간하게 남은 채소를 요리로 만든다.
일주일에 1회 정도는 남은 재료를 확인하고 버리기 전에 먹는 것이 현명한 방법.
남은 채소는 자른 단면을 랩으로 싸서 용기에 넣어두면 바로 꺼내어 잊지 않고 사용할 수 있다.

푸짐한 채소 수프(2인분)

① 양파, 당근, 양배추 등(150g) 각종 채소를 한 입 크기로 적당히 자른다.
② 뜨거운 물 2컵에 고형 수프 스틱 1/2개를 넣고 채소가 부드러워질 때까지 익혀 소금과 후추로 간을 맞춘다.

피클(4인분)

① 오이, 셀러리, 붉은 피망 등(400g)을 준비하여 먹기 좋은 크기로 자른다.
② 냄비에 식초 절임 재료(껍질 벗긴 마늘 1쪽, 물 1/2컵, 설탕 1큰술, 식초 3큰술, 샐러드유 1/2큰술, 소금 2/3작은술, 통후추 1/2큰술, 월계수 잎 1장)를 넣어 한소끔 끓인다.
③ 뜨거운 물 2컵을 데워 소금 1작은술을 넣고 채소를 넣어 다시 한번 끓여서 재료를 건져 낸 뒤 식초에 담가 30분 이상 절인다.
※ 냉장고에서 3~4일 정도 보관할 수 있다.
※ 양파나 당근, 순무(이상은 생으로), 브로콜리, 콜리플라워, 호박, 연근(이상은 살짝 데쳐서)도 이용할 수 있다.

된장 절임(4~5인분)

❶ 두꺼운 비닐봉투나 밀폐 용기에 된장 60g과 미림 1큰술을 넣어 섞는다.

❷ 오이, 무, 순무, 당근, 셀러리, 양배추 심 (300g)을 먹기 좋은 크기로 잘라 2시간~반나절 정도 절인다.

※ 된장은 2~3회 정도 사용할 수 있다(보통 10일 이내에 사용한다).

즉석 절임(4인분)

❶ 양배추, 오이, 당근 등(300g)을 먹기 좋은 크기로 잘라 비닐봉투에 담는다.

❷ 소금 2/3작은술을 넣고 봉투를 흔들어 섞는다. 공기를 빼면서 입구를 묶고 흔들면서 30분 정도 둔다.

※ 생강이나 양하를 넣어도 맛있다.

오븐 구이

❶ 당근 · 피망 · 양파 · 파 · 가지 · 감자 · 호박 · 버섯 · 방울토마토 등의 채소를 먹기 좋은 크기로 잘라 오븐 용기나 내열 그릇에 가지런히 담는다.

❷ 기름을 적당량 바르고 소금과 후추를 뿌려 220℃ 에서 약 10분 정도 굽는다.

※ 마요네즈를 얹어 구워도 좋다.

과일

* 숙성한 것은 신선할 때 먹고, 미숙한 것은 실온에서 먹기 적당하게 익혀 먹는다. 냉장고에 넣지 않는 것이 좋은 것도 있으므로 주의한다.
* 껍질에는 열매를 지켜 주는 성분이 들어 있으므로 씻지 않고 보관해서 먹을 만큼만 씻어 먹는 것이 신선하게 오래 먹을 수 있다.

* 바나나, 블루베리 등 일부 과일을 제외하고 나머지는 물기가 많아 냉동하기에는 적합하지 않다. 식감이 변해도 상관없다면 냉동해도 된다. 숙성한 감이나 딸기는 셔벗처럼 되어 버린다.

※ 사과는 숙성 과정에서 에틸렌 가스를 많이 배출한다. 채소와 함께 두면 채소가 상하므로 사과를 보관할 때는 비닐봉투에 넣어 입구를 단단히 막아야 한다. 참고로 덜 익어서 딱딱한 키위나 감을 사과와 함께 비닐봉투에 넣어 두면 빨리 익는다.

냉장고에 넣을 수 있다(냉장실이나 채소칸)

딸기

팩에서 꺼내어 눌리지 않도록 1열로 용기에 가지런히 담아 랩을 씌우거나 뚜껑을 덮는다. 남으면 설탕을 넣고 익히거나 전자레인지에서 가열하여 잼으로 만들면 좋다. 설탕을 묻혀 얼려서 반해동 해서 먹어도 좋다.

체리 · 포도

랩이나 비닐봉투에 싼다. 오래 보관할 수 없으므로 빨리 먹어 버린다.

사과

다른 식품들과 구분하여 봉투에 넣고 입구를 확실히 밀봉한다.

다른 대부분의 과일

덜 익은 과일 · 열대 과일 외에는 냉장 보관.

어둡고 서늘한 곳(실온이 높으면 채소칸에 보관)

귤

상자에 들어 있다면 전부 꺼내어 상한 것을 가려낸다. 내버려두면 주변의 멀쩡한 과일까지 상한다.

너무 차가우면 오히려 맛이 떨어지므로 먹기 1~2시간 전에 냉장고에 넣는다.

아보카도

껍질이 녹색을 띠고 딱딱한 것은 실온에 둔다. 껍질이 어둡고 꼭지가 나타나는 느낌이 들면 가장 먹기 좋을 때다. 먹고 남은 것은 자른 단면에 레몬즙을 뿌려(변색되는 것을 막아 준다) 랩으로 싸서 냉장 보관한다.

미숙　　　　　완숙

서양배

딱딱한 것은 아직 덜 익은 것이다. 껍질이 녹색에서 노란색으로 변하거나 향이 강하고 부드러워지면 먹기 적당한 때.

복숭아

딱딱한 것은 덜 익은 것이다. 아래쪽까지 색이 들면 먹기 적당한 때.

키위

딱딱하다면 덜 익은 것.

멜론

꽁지 부분을 눌러서 약간 부드럽다고 느껴지면 먹기 좋을 때. 날짜 표시가 있다면 날짜를 따를 것.

바나나 · 파파야 · 망고 · 파인애플 등의 열대 과일

● 냉장고에 넣으면 저온 장해를 일으킨다.
● 먹기 1~2시간 전에 냉장고에 넣으면 상관없다.

SOS 바나나를 냉장고에 넣어 두었더니 검게 변했다!

A 바나나는 저온에 약하므로 냉장고에 넣지 말아야 한다. 껍질이 닿는 부분부터 쉽게 상하기 때문에 S자 고리나 행거, 입구가 넓은 병을 이용해 매달아 놓거나 붙어 있는 꼭지 부분이 위로 향하게 두는 것이 좋다. 검은 점이 생긴 것은 당도가 높아졌다는 증거. 냉동할 수도 있고 얼린 그대로 먹을 수도 있다. 껍질을 벗겨 랩으로 싸서 지퍼백에 보관한다. 젓가락에 꽂아 냉동하면 아이스스틱 바나나가 된다.

두부류·곤약

모두 냉장이 기본. 유부나 낫토는 냉동할 수 있다.

두부

보관

● 냉장에서 유통 기한까지 보관할 수 있다. 전문 두부 가게에서 파는 두부는 물에 담가 다음날까지 사용할 수 있다.

● 남았다면 밀폐 용기에 담아 잠길 정도로 물을 부어 냉장 보관한다. 1~2일 내에 사용한다.

> **원 포인트**
>
> 밀봉 팩이나 직접 만든 두부는 씻지 않아도 된다. 그래도 신경 쓰인다면 물에 살짝 담갔다가 사용한다. 구입할 때 물에 담겨 있었거나 한번 개봉했던 것도 물에 담갔다가 사용해야 한다.

냉동

● 물이 나오면 식감이 변하므로 적합하지 않다. 그러나 일부러 얼려서 사용한다면 익혀서 먹을 수 있다. 잘라서 얼리면 바로 사용할 수 있다.

➡ 자연 해동한다.

Q 마파두부를 자주 만들어 먹는데 양 조절을 못해 많이 남는다. 냉동 보관할 수 있을까?

A 두부를 작게 잘라서 냉동하면 되지만, 이렇게 하면 두부에서 물이 나와 식감이 떨어진다. 두부가 들어간 요리를 냉동하는 것은 별로 좋지 않다. 냉장 보관하여 다음 날까지 다 먹는 것이 좋다.

유부 · 두껍게 썰어 지진 두부

보관

튀겼기 때문에 시간이 지나면 기름이 산화되고 맛이 떨어진다. 두껍게 썰어 지진 두부는 1~2일, 유부는 3~4일 정도 냉장 보관할 수 있다.

냉동

● 유부는 적합하다. 뜨거운 물을 끼얹어 기름을 제거한 뒤(이렇게 하면 맛이 쉽게 떨어지지 않는다) 조금씩 나누어 랩으로 싸서 지퍼백에 넣는다. 잘라서 냉동하면 그대로 사용할 수 있다.

➡ 언 상태 그대로 가열 조리한다.

● 두껍게 썰어 지진 두부는 적합하지 않다. 두부 속에 다진 채소를 넣고 튀긴 두부는 식감이 조금 떨어지긴 해도 얼릴 수 있다.

낫토

냉장 보관했을 경우 약 10일. 유통 기한을 준수하되, 약간 지나도 먹을 수 있다.

| 원 포인트 |

날짜가 지나 생긴 하얀 결정은 티로신(tyrosine)이라는 아미노산의 일종으로, 해는 없지만 맛은 떨어진다.

팩 그대로 비닐봉투에 넣고, 냉동해도 낫토균은 죽지 않는다.
➡ 자연 해동한다.

곤약 · 실곤약

봉투에 들어 있는 것은 개봉하지 말고 물에 담가 두어야 오래 보관할 수 있다. 남았다면 표면이 마르지 않도록 물에 담가 냉장 보관하여 수일 내에 사용한다.

물이 빠져나와 적합하지 않다. 일부러 얼려 튀김으로 만들어 식감을 즐길 수도 있다.

| 원 포인트 |

씻어서 한번 데쳐 용기에 넣어 두면 익히는 음식에나 무치는 음식 모두에 바로 사용할 수 있다. 데친 것은 물에 담글 필요는 없다. 냉장 보관하고 2~3일 이내에 사용한다.

recipe

냉동 낫토 잔멸치 우동

(2인분 · 1인분 312kcal)

❶ 냉동한 마른 멸치나 뱅어포(p.20) 2큰술, 낫토 1팩(50g)은 해동한다.

❷ 뜨거운 물에 우동(얼린 것도 좋다) 2팩(400g)을 삶아 물에 씻어서 물기를 제거한다.

❸ 우동 국물은 국물 소스에 표시되어 있는 대로 물 2컵에 묽혀서 한소끔 끓인다.

❹ 우동과 ①을 그릇에 담고 국물을 붓는다. 얼린 실파(p.53)를 그대로 넣거나 반해동하여 뿌려 가면서 먹는다.

※ 냉동하지 않은 재료로도 만들 수 있다.

※ 기호에 따라 국물은 차가운 상태 그대로 사용해도 된다.

건조 식품·해조류

* 말리면 보관하기 쉽지만 습기와 고온에 약하며, 곰팡이가 피기 쉽고 풍미가 떨어진다.
* 기본적으로는 캔이나 병, 지퍼백, 밀폐 용기에 담아 밀폐하여 직사광선이 닿지 않는 서늘한 곳에 보관한다. 공간이 있다면 냉장 보관하고, 식품에 따라 장기 보관할 경우에는 냉동하는 것이 좋다. 그리고 가능한 한 조금씩 사서 빨리 먹을 것. 특히 장마철이 되기 전에 다 사용하거나 냉동해야 한다. 냉동한 것은 습기를 흡수하지 않도록 상온에서 녹여 개봉한다.
* 흐르는 물에 해동해서 사용하는 재료는 살짝 씻은 다음 해동한다.(다시마는 제외)

김

보관

● 캔이나 밀폐 용기, 지퍼백에 방습제(살 때 들어 있는)와 함께 넣어 실온에 보관한다. 잘라 두면 바로 먹을 수 있다.
● 개봉하지 않은 것은 냉장 또는 냉동 보관한다. 단, 꺼내서 바로 개봉하면 온도차로 인해 습기를 흡수해 버리므로 봉투 그대로 잠시 상온에 두었다가 개봉한다.
● 습기가 차면 살짝 굽거나 조림으로 만든다(아래).

목이버섯

보관

밀폐해서 실온에 보관한다. 물에 불려 돌에 붙어 있던 딱딱한 부분을 제거하고 사용한다. 우려낸 물은 사용하지 않는다.

무말랭이

보관

밀폐해서 실온에 보관하고, 남은 것은 냉장 또는 냉동 보관한다. 냉동하면 잘 변색되지 않는다.

recipe

김 조림 (약 10인분 · 1/10양 11kcal)

❶ 구운 김 3장(눅눅해진 김도 가능)을 잘게 찢는다.
❷ 냄비에 물 1컵, 설탕 · 미림 각 1큰술, 간장 2큰술을 넣고 김을 섞어 약한 불에서 15분 정도 저어 가면서 끓인다(뚜껑은 덮지 않는다). 물이 줄어들어 걸쭉해지면 완성.
※ 표고버섯이나 고추, 산초가루를 넣어도 좋다.

얇게 썬 가다랑어 포

보관

얇아서 산화되기 싶고 맛과 향이 금방 날아
간다. 필요한 만큼만 구입하
고, 밀폐해서 냉장 보관한다.

고야 두부(얼린 두부)

보관

밀폐해서 빛이 닿지 않는 실온에 보관한다.
지방이 많아 산화되기
쉬우므로 빨리 사용한다.

다시마

보관

● 밀폐해서 실온에 보관한다. 5~10cm 정
도 크기로 잘라 캔이나 병 등에 넣어 두면
편리하다.
● 표면에 묻어 있는 하얀 가루
는 맛 성분이므로 씻어 내지
말고 먼지 등을 가볍게 닦아
내고 사용하면 된다.

톳

보관

● 밀폐해서 실온에 보관한다.
● 말린 톳은 물에 불리면 양이 많아지므로
주의할 것. 샐러드에 넣거나 익혀 둔다.

마른 새우 · 쪄서 말린 잔새우

보관

밀폐해서 1개월 정도는 냉장, 그
이상은 냉동 보관한다.

말린 표고버섯

보관

● 밀폐해서 실온에 보관한다.
● 물에 담가 냉장 보관해 두고
4~5일 이내에 사용한다.

미역

보관

● 말린 미역은 어둡고 서늘한 곳에 보관.
● 염장한 미역은 빛이 투과하지 않는 용기
에 담아 냉장 보관하여 1~2개월 이내 사용.

목이버섯 김 무침(4인분 · 1인분 44kcal)

① 목이버섯 15g을 물에 불려 돌에 붙은 딱딱한 부분을 제거
하고 큰 것은 절반으로 자른다. 살짝 데쳐서 물기를 제거한다.
② 오이 1/2개를 작게 잘라 소금 1/8작은술을 뿌린다. 5분 정
도 지나 물기가 생기면 손으로 꼭 짠다.
③ 구운 김 2장을 가늘고 잘게 찢어 놓는다.
④ 설탕 1/2작은술, 식초 2큰술, 간장 · 참기름 각 1큰술을 넣
고 모든 재료를 섞어 무친다.

곡류

* 쌀이나 마른 국수처럼 건조한 식품은 어둡고 서늘한 곳에 보관한다. 제품 봉투뿐만 아니라 캔이나 병, 밀폐 용기, 지퍼백 등에 넣어서 밀폐하면 습기나 곰팡이, 벌레를 막을 수 있다.
* 냉장 온도에서는 녹말이 쉽게 노화된다. 밥이나 빵을 냉장 보관할 경우 퍼석퍼석해져 맛이 떨어지므로 냉장 보관은 피한다. 바로 먹지 않을 것은 냉동 보관해야 맛을 유지할 수 있다.

쌀

보관

● 깨끗하고 건조한 용기에 담아(또는 봉투 그대로 밀폐 용기에) 서늘한 장소에 보관한다. 여름에는 공간이 있다면 냉장고 채소칸에 넣으면 맛을 유지할 수 있다.

● 용기에 오래된 쌀이나 쌀겨가 남아 있으면 새로운 쌀이 맛이 없어진다. 그러므로 쌀을 넣을 용기는 깨끗하게 닦아 말려서 사용한다.

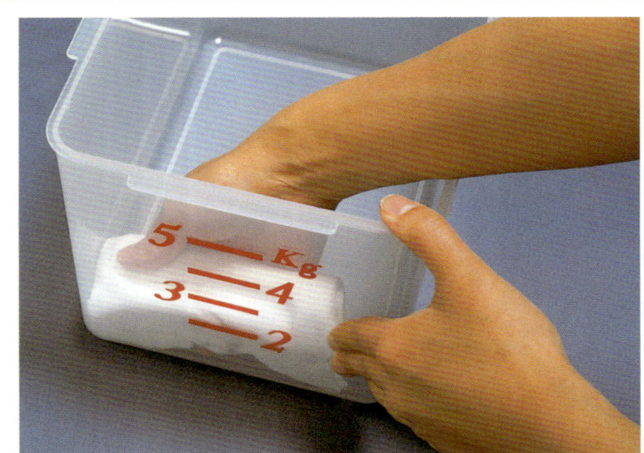

원 포인트

쌀겨 표면에 붙어 있는 지방이 산화되어 맛이 떨어질 수 있으므로 어느 정도 정미한 것이 맛있다. 2~3주 내에 먹을 수 있는 양을 구입하도록 한다.

보관

● 냉장 보관하면 맛이 떨어지므로 바로 먹지 않을 것은 냉동 보관한다.

> **│ 원 포인트 │**
>
> 해 놓은 밥을 보온 상태 그대로 오랫동안 두면 색깔이 변하고 전기도 낭비된다. 몇 시간 지나면 전기 플러그를 뽑아 둔다.

냉동

갓 지은 밥을 1인분씩 랩으로 싸서 식힌 후 지퍼백에 넣는다.

➡ 언 상태 그대로 전자레인지에 가열 해동한다.

SOS '밥 1인분'은 정확히 어느 정도?

A 밥그릇에 랩을 깔고 밥을 한번 담아 보자. 익숙해지면 자신의 분량을 알 수 있을 것이다. 중간 크기 1그릇은 약 150g, 조금 작은 것은 120g 정도이다.

보관

● 마른 국수나 파스타는 습기가 차지 않도록 밀폐해서 습기가 적은 곳에 보관한다. 약 1년에 걸쳐 먹어도 좋다. 개봉 후에는 입구를 확실히 닫아 밀폐 보관하고, 가능하면 빨리 먹는다.

● 삶은 국수는 냉장 보관한다.

보관

● 진공 팩에 포장되어 있는 것은 실온 보관한다. 제품의 표시대로 보관한다.

● 자른 떡은 1개씩 랩으로 포장해서 지퍼백에 넣어 두면 건조해지거나 쉽게 부서지지 않는다. 밀폐 용기에 넣어도 1주일 정도는 냉장 보관할 수 있다. 겨자나 고추냉이를 함께 넣어 두면 곰팡이가 피는 것을 막을 수 있다.

세워 넣으면 꺼내기 쉽다. 가능한 한 가득 채워서 공기와 접촉하지 않도록 한다.

냉동

건조해지는 것을 막기 위해 1개씩 랩으로 싸서 지퍼백에 넣는다.

➡ 반해동될 정도로 오븐토스터(남은 열을 이용해도 좋다)나 전자레인지에 가열한다.

▌ 원 포인트 ▐

떡 표면에 생긴 곰팡이를 제거했다고 해도 속까지 안전한 것은 아니다. 몸에 좋지 않으므로 곰팡이가 핀 떡은 버리는 것이 안전하다.

recipe

딱딱하게 굳은 빵이나 빵 테두리도 버리지 말자!

이렇게 하면 맛있게 먹을 수 있다. 굳어 버린 빵은 갈아서 빵가루를 만들어도 좋다.

프렌치 토스트 (2인분 · 1인분 348kcal)

❶ 달걀 1개와 우유 1컵을 평평한 용기에 넣고 섞어 식빵(6장 준비) 2장을 10분 정도 담가 둔다.

❷ 팬에 버터 1큰술을 둘러 식빵 양면을 노릇노릇하게 구워 꿀 1큰술을 골고루 바른다.

※ 버터 대신 샐러드유를, 꿀 대신 설탕을 이용해도 된다.

보관

냉장 보관하면 맛이 떨어지므로 상온에 두거나 냉동 보관한다. 햄이나 달걀 등이 들어간 빵을 다음날 아침에 먹고 싶다면 랩으로 싸서 냉장 보관할 것.

냉동

● 조금씩 나누어 랩으로 싸서 지퍼백에 넣는다. 큰 빵은 잘라서 넣는다.

➡ 언 상태 그대로 굽는다. 구운 다음 토스터기에 그대로 두어 남은 열을 이용하면 좋다. 두꺼운 빵은 잠시 자연 해동하여 굽는다.

● 채소 샌드위치는 재료에서 물기가 나오므로 냉동 보관하지 말 것. 달걀이나 햄이 들어간 빵은 냉동 보관할 수 있다.

➡ 자연 해동한다.

빵 그라탱

❶ 내열 용기에 손으로 뜯은 빵을 넣고 달걀과 우유를 부어 잘게 썬 양파나 베이컨, 치즈를 올려 굽는다.

식빵 테두리 튀김

❶ 기름에 노릇노릇하게 튀겨서 뜨거울 때 설탕이나 계피향 설탕을 뿌린다.

※ 크루톤(crouton, 말린 빵조각)을 만들어 수프나 샐러드에 넣거나 기름에 튀겨 먹어도 좋다.

조미료

* 사용하지 않을 때는 어둡고 온도 변화가 적은 곳에 보관한다. 간장, 청주, 된장, 마요네즈 등은 일단 개봉했다면 냉장 보관해야 한다. 특히 여름철에는 냉장고에 보관한다.
* 뚜껑을 열어 두거나 스푼을 그대로 넣어 두면 변질될 수 있으므로 주의할 것. 스푼은 늘 깨끗한 것을 사용한다.

설탕

보관

오래 보관할 수 있기 때문에 유통기한 표시 의무가 없다. 벌레가 꼬이지 않도록 밀폐 용기(구매 시 들어 있는 봉투로는 부족하다)에 담아 온도나 습도 변화가 적은 곳에 보관한다. 노란색으로 변해도 인체에 무해하다.

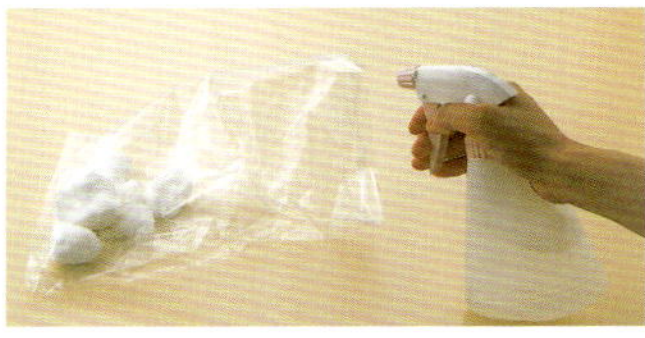

굳었다면 부수어서 사용하거나 비닐봉투에 넣어 분무기로 물을 뿌려 입구를 막아 하루 정도 놓아두면 다시 보슬보슬해진다.

소금

보관

오래 보관할 수 있지만 습기를 잘 흡수하므로 밀폐 용기에 담아 햇빛이 들지 않고 습기가 적은 장소에 보관한다. 젖은 손으로 만지는 것은 금물. 설탕과 마찬가지로 일단 개봉했다면 밀폐 용기에 담아 보관할 것. 색깔이 비슷한 조미료끼리 헷갈리지 않도록 확실히 구별할 수 있는 용기에 담는 것이 좋다.

간장

보관

어둡고 서늘한 곳이나 냉장 보관한다(여름철에는 반드시 냉장고). 개봉 후 1개월을 넘기지 않는다. 식탁용으로 조금씩 덜어 사용할 때는 중간에 조금씩 보충하지 말 것. 잡균이 번식하기 때문이다. 한번 사용했던 그릇은 깨끗이 닦아 완전히 말려서 이용할 것.

식초

유통 기한이 약 2년 정도로, 보관이 쉽다. 개봉 후에는 뚜껑을 확실히 닫아 어둡고 서늘한 곳에 보관한다. 여름철에는 냉장 보관한다. 가끔 생기는 흰색 물질은 공기 중에 있는 식초 발효균과 반응한 것으로, 인체에는 무해하지만 맛과 향이 떨어지므로 살균제나 세척제로 이용한다.

된장

장기 보관할 수 있고, 유통 기한이 지나도 바로 상하지 않는다. 개봉 전에는 어둡고 서늘한 곳에, 개봉 후에는 밀폐해서 냉장 보관한다. 공기와 접촉하면 굳어 버리므로 봉투에 들어 있었다면 입구를 확실히 막아 밀폐 용기나 지퍼백에 넣을 것. 용기에 담아 있다면 표면을 랩으로 싼 뒤 뚜껑을 덮는다.

Q 된장 위에 간장 같은 것이 고였는데 괜찮은가?

A 숙성 과정에서 생긴 맛 성분이므로 버리지 않고 잘 섞어서 사용한다.

미림

어둡고 온도 변화가 적은 장소에 보관한다. 개봉 후에는 마개를 확실히 막아 몇개월 내에 사용한다. 저온에 보관하면 결정이 생기므로 냉장 보관은 피한다(알코올 성분이 없는 미림풍 조미료는 냉장 보관한다). 입구에 생기는 하얗고 딱딱한 물질은 당분 결정으로, 인체에는 무해하지만 흘러내렸다면 깨끗이 닦아 내고 사용할 것.

청주

어둡고 온도 변화가 적은 장소에 보관한다. 여름철에는 냉장고에 넣는다. 개봉 후 2~3개월 내에 사용한다. 색이 짙어진 것은 천연의 좋은 맛 성분이 나온 것이므로 유통 기한 내에 사용하면 문제없다.

보관

개봉 전이라면 어둡고 서늘한 곳에 7~10개월, 개봉 후에는 냉장고에 보관해 놓고 1개월 이내에 먹어야 가장 맛있다.

토마토케첩·우스터 소스

보관

개봉 후에는 냉장 보관한다. 케첩은 약 1개월, 우스터 소스는 1~2개월 안에 사용한다.

향신료

보관

향을 유지하기 위해서는 소량씩 구입한다. 뚜껑을 확실히 닫아 봉투에 넣거나 병이나 밀폐 용기에 담아 어둡고 서늘한 곳이나 냉장 보관한다. 수증기 때문에 습기가 차므로 스푼을 이용하거나 손에 조금씩 덜어서 사용한다.

머스터드

보관

개봉 후에는 냉장고에서 약 1개월이 기준이다. 내용물이 분리되어도 잘 섞어서 사용하면 괜찮다.

Q 조미료를 바로 사용할 수 있도록 가스레인지 옆에 두어도 괜찮을까?

A 가스레인지 근처는 온도가 높고, 싱크대 아래쪽 역시 물이 배수관을 지나가기 때문에 의외로 온도가 쉽게 올라간다. 그래서 조미료나 식품 보관 장소로는 부적합하다. 그보다는 빛이 들지 않고 온도 변화가 적은 조리대 아래쪽이나 찬장 등이 적당하다. 사용할 분량을 미리 상자 등에 넣어 두면 편리하다.

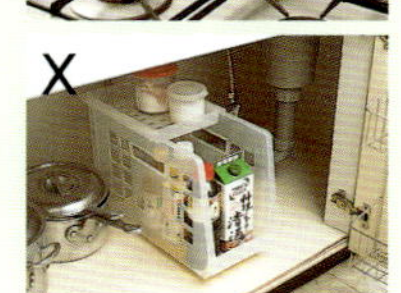

튜브형 고추냉이 등

보관

개봉 후에는 냉장 보관해야 맛과 향이 유지된다. 공기를 빼서 입구를 확실히 막아 3개월 이내에 먹는다.

수프

보관

어둡고 서늘한 곳에 보관한다. 고형은 다시 한번 싸서 냉장고에 넣고, 과립이나 여름철에는 가능한 한 냉장 보관한다.

카레나 스튜 루

보관

개봉 전에는 어둡고 서늘한 곳에 보관한다. 개봉 후에는 밀폐 용기에 담아 냉장고에 보관하며 2~3개월 이내에 사용한다. 2개로 나누어진 팩의 경우 1개를 개봉하지 않았다면 어둡고 서늘한 곳에 보관해도 좋다.

녹말가루 · 밀가루 · 빵가루

보관

습기나 다른 식품의 냄새를 쉽게 흡수하므로 종이 봉투 그대로 두지 말고 밀폐 용기나 비닐봉투에 넣어 어둡고 서늘한 곳에 보관한다. 사용하고 남은 것은 원래 봉투에 다시 넣으면 곰팡이가 피므로 넣지 않는다. 생 빵가루는 냉동 보관하면 오래 사용할 수 있다.

SOS 분말 수프를 병에 넣었더니 바로 굳었다.

A 딱딱해진 것은 습기가 찼기 때문이다. 너무 오래 보관하거나 온도나 습도가 높은 장소에 두면 쉽게 습기가 찬다. 여름철에는 가능한 한 냉장고에 넣고, 김이 나는 냄비 근처는 피할 것. 마른 스푼으로 김이 나지 않는 장소에서 조금씩 덜어서 사용하는 것이 좋다.

다시 국물·유지류

* 우려낸 다시 국물은 냉장 보관한다. 다시 국물 재료의 다시마나 얇게 썬 가다랑어 포는 건조 식품 부분을 참고한다(p.75).
* 샐러드유나 기름은 열이나 햇빛이 닿지 않는 곳에 보관하고, 유지류는 밀폐 보관한다.

다시 국물

보관

● 냉장 보관하여 1~2일 이내에 사용한다. 그 이상 두었는데 떫은맛이 느껴진다면 상한 것이므로 버릴 것.
● 냉동한다면 약 1개월 정도 보관할 수 있다. 얼음 그릇에 담아 얼려서 밀폐 용기에 넣으면 무침 등을 할 때 조금씩 꺼내어 필요한 만큼 사용할 수 있다.

recipe

국물 우려낸 다시마나 가다랑어 포도 버리지 말자!

다시 국물을 우려내고 남은 재료에도 깊은 맛이 남아 있다.
냉동 보관해야 하고, 어느 정도 양이 된다면 조림 등에 이용해도 좋다.

가다랑어 포 후리카케

(밥에 뿌려 먹는 양념 가루)

❶ 다시 국물을 우려낸 가다랑어 포를 젖은 상태 그대로 접시에 깔아 전자레인지에 넣고 랩을 씌우지 않은 상태로 약 5분간 가열한다.
❷ 가다랑어 포를 비닐봉투에 넣어 손으로 부수어 참깨와 함께 밥에 뿌린다.

멸치 다시마 생강찜

(4인분 · 1인분 29kcal)

❶ 국물을 우려내고 남은 다시마 30g을 가늘게 자르고, 생강 1쪽(10g)을 채 썬다.
❷ 냄비에 다시마와 생강, 마른 멸치 40g, 물 3/4컵을 넣고 뚜껑을 닫아 중불에서 다시마가 부드러워질 때까지 익힌다. 간장 · 미림 각 1큰술을 넣고 강한 불에 자작해질 때까지 익힌다.

●산화되면 맛과 향이 떨어지므로 확실하게 뚜껑을 닫아 빛이 들지 않고 서늘한 곳에 보관한다. 개봉 후 1~2개월 내에 다 사용한다.
●캔에 담겨 있는 기름을 사용할 때는 알루미늄 호일로 덮어 주어 먼지나 이물질이 들어가지 않게 주의한다.

┤ 원 포인트 ├

●기름은 여러 번 사용하면 산화되므로 튀김에 2~3회 사용한 기름은 버릴 것.
●온도가 낮아지면 기름이 하얗게 굳는데 인체에는 무해하다.
●남은 기름을 배수구에 버리면 수질 오염의 원인이 되므로 절대 금물. 우유팩에 신문지나 낡은 천을 깔아 기름을 흡수하게 하고 입구를 잘 막아 버린다.

Q 오래된 기름에 매실을 넣고 가열하면 나쁜 냄새가 없어지는 이유는?

A 오래된 기름에 '채소를 튀기면 좋다'고 하는데 그렇지 않다. 산화된 기름은 매실이나 채소를 튀겨도 원상태가 되지 않는다. 무리하게 몇 번씩 쓰거나 새 기름을 추가하기보다는 2~3회 정도 사용하고 버리는 것이 현명하다.

마가린

●냉장 보관하고, 개봉 후에는 가능한 한 빨리 사용한다. 기준은 약 1개월 정도.
●냄새를 쉽게 흡수하므로 강한 냄새가 나는 식품과 함께 두지 않는다.

┤ 원 포인트 ├

더러운 버터나이프를 넣거나 오랫동안 실온에 놔두면 곰팡이가 필 수 있다. 곰팡이가 핀 것은 먹지 않는다.

버터

●개봉 전에는 냉장에서 약 6개월, 밀폐해서 냉동하면 약 1년 정도 보관할 수 있다. 개봉 후에는 산화되어 맛과 향이 쉽게 떨어지므로 확실하게 포장하여 가능한 한 빨리 사용한다. 기준은 약 2개월 정도다.
●냄새를 쉽게 흡수하므로 강한 냄새가 나는 식품과 함께 두지 말 것.

┤ 원 포인트 ├

5g이나 10g(200g이라면 20등분)씩 잘라 보관하면 편리하게 이용할 수 있다.

통조림·냉동 식품 등

* 통조림이나 병조림, 레토르트(retort) 식품 등은 개봉 전까지는 보관이 편리하다. 하지만 품질을 유지하기 위해서는 고온이나 직사광선은 피할 것.
* 개봉 전에는 제품의 유통 기한을 기준으로 하고, 개봉했다면 일반 반찬류와 마찬가지로 냉장 보관해 놓고 신속하게 먹을 것. 저염 어패류는 생것과 다름없다.

통조림

보관

남았다면 캔 냄새가 음식에 배어들지 않도록 별도의 용기에 옮겨 담는다. 뚜껑이나 랩으로 밀폐하여 냉장 보관하되, 2~3일 이내에 먹는다.

뚜껑 표시 보는 법

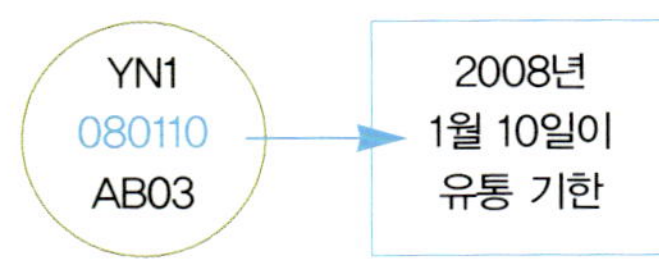

이 밖의 단락은 품명 기호 등이다. 표시가 2단으로 되어 있거나 유통 기한만 표기되어 있는 것도 있다. 통조림은 보관 기간이 길기 때문에 '년'과 '월'만 표기되어 있고 '일'은 없는 경우도 있다.

냉동

참치나 게, 가리비, 익힌 토마토, 콩 통조림 등은 냉동할 수 있다.

➡ 언 상태 그대로 가열 조리한다. 캔 그대로 냉동하면 맛과 향이 떨어지거나 캔이 부풀거나 부서질 수 있으므로 용기에 담아 얼린다.

병조림

보관

빛이 통과하기 때문에 햇빛이 들지 않는 곳에 보관하고, 개봉 후에는 냉장 보관한다. 의외로 장기 보관이 어려우므로 내용물의 상태를 잘 확인해야 한다. 깨끗한 젓가락이나 스푼으로 덜어서 사용한다.

보관

햇빛과 습기를 피해 어둡고 서늘한 곳에 2년 정도 보관할 수 있다. 오래 보관하기 위해서는 플라스틱 용기보다 병에 넣는 것이 좋다. 냉장하면 결정이 생기기 쉬우므로 냉장 보관은 좋지 않다. 결정이 생긴 경우, 따뜻한 곳에 두면 원래대로 되돌아온다.

잼

보관

● 개봉 후에는 냉장 보관한다. 최근에는 당분 함량이 낮은 제품이 많기 때문에 오래 두면 곰팡이가 필 수도 있다. 깨끗한 스푼을 사용하고, 3주일 내에 먹는다.
● 남았다면 스튜나 감식초, 소스, 드레싱, 고기 잴 때, 요구르트 등에 사용하면 좋다.

냉동 식품

보관

● 갑작스런 온도 변화를 막기 위해 쇼핑 마지막에 구입하여 집에 도착하여 바로 냉장고에 넣을 것. 냉동고 안의 냉기가 노출되는 경계선보다 아래에 있고, 서리가 맺혀 있지 않을 것을 고른다.
● 유통 기한이 남았어도 맛과 향이 서서히 떨어지므로 구입 후 냉동 보관했다면 약 3개월, 도어 포켓에 보관했다면 2개월 이내에 먹는다. 해동한 것을 다시 냉동하는 것은 금물.

냉동 식품은 맨 마지막에 구입하고 다른 식품의 열이 전달되지 않도록 주의할 것.

Q 레토르트 식품이나 남은 반찬은 어떻게 처리해야 좋은가?

A 내용물이 다양해서 한마디로 말할 수는 없지만 우선은 다 먹는 것이 가장 좋다. 만든 요리는 냉장 또는 냉동 보관한다. 그래도 남은 것은 입구를 확실히 막아 두면 냉장고에서 2~3일 정도 보관할 수 있다. 이때 내용물 속에 채소는 들어가지 않도록 할 것. 조미료나 가열한 다진 고기는 냉동할 수 있다.

반찬

* 어패류 등의 생물을 사용한 요리는 냉장해서 그날 다 먹는다. 가열한 요리가 남았을 때는 냉장 보관해 놓고 1~2일 이내에 다 먹는다. 먹을 때는 데워서 이용할 것. 특히 도시락 반찬은 가열하여 식힌 뒤에 넣어야 한다.
* 냉동에 적합하지 않은 재료로 반찬을 만들었을 때는 냉동하지 않는 것이 좋다.

햄버거

냉동

햄버거 속까지 가열하여 식혀서 지퍼백이나 랩으로 싸서 밀폐 용기에 담는다. 2~3주 정도 보관할 수 있다.

➡ 해동하여 데운다.

만두

냉동

굽기 전 상태로 지퍼백에 넣는다. 1~2주 내에 다 먹는다.

➡ 언 상태 그대로 넣었다면 푹 쪄서 구워야 한다.

들러붙지 않도록 조금씩 사이를 띄워 얼린다.

얼린 것은 지퍼백이나 밀폐 용기에 보관한다.

냉동

쪄서 식힌 다음 지퍼백이나 랩으로 싸서 밀폐 용기에 보관한다.

➡ 언 상태 그대로 다시 찌거나 물을 뿌려 전자레인지에 가열한다.

r e c i p e

남은 반찬, 버리지 말자!

냉동 보관도 좋지만 조금만 생각을 바꾸면 색다른 모양의 음식을 먹을 수 있다.

카레 – 다시 국물에 물을 첨가하여 카레 우동을 만든다(냄비 요리에 남은 카레를 이용하면 버릴 것이 없다). 밥과 섞어 치즈를 올려 그라탱으로 만들어도 좋다.

우엉 볶음 – 튀김, 달걀국, 달걀 프라이, 고기말이로 이용하면 좋다. 빵에 끼워 먹거나 잘게 썰어 밥과 섞어 먹어도 맛있다.

고기 감자 – 달걀을 걸쭉하게 풀어 국으로 만들거나 으깨어 크로켓을 만든다.

감자 샐러드 – 으깨어 버터에 구워 케이크에 올리거나 빵에 끼워 먹는다.

호박찜 – 으깨어 빵에 바르는 페이스트(paste)로 만든다. 우유와 수프에 이용해도 좋다.

삶은 톳 – 톳밥을 만들어 먹는다. 비지나 햄버거, 달걀 부침에 넣어도 좋다.

우엉 볶음 버거

닭고기 튀김 달걀 덮밥

A 냉장고에 넣어 두면 서로 달라
붙으므로 재료를 모두 이용하여 만
든 요리를 보관하는 것이 좋다. 잘
라서 수프 건더기로 이용하거나 튀
겨서 샐러드 토핑으로 이용하면 된
다. 치즈나 팥을 싸서 굽거나 튀겨
도 좋다. 쉽게 갈라진다는 단점이
있지만 냉동 보관도 가능하다. 건조
해지지 않도록 랩으로 싸서 지퍼백
이나 밀폐 용기에 넣는다. 반드시
자연 해동하여 1장씩 정성스럽게 떼
어 사용할 것.

토핑으로 이용

팥을 넣고 굽는다

A 감자나 큰 당근은 냉동할 경우 조직이 부서지
기 쉽다. 그러므로 카레를 냉동할 때는 감자나 당근
은 걸러서 얼린다. 거르는 것이 번거롭다면 감자는
부수고 당근은 작게 자른다. 스튜도 같은 방법으로
이용한다. 해동한 뒤 가열해야 한다.

절임

배추 절임 등

구매했을 때 국물이 있는 것이 더 오래 보관할
수 있다. 먹을 만큼만 꺼내어 씻고 남은 것은
국물까지 그대로 밀폐 용기에 담아 냉장 보관한
다. 겉절이 채소는 1~2일 내에 먹는다.

90

매실 장아찌

저염 장아찌는 이전만큼 오래 보관할 수 없다. 개봉 후에는 냉장 보관해 놓고 유통 기한을 따를 것. 먹고 남은 것은 고기나 생선을 삶을 때 넣거나 볶음밥이나 무침에 이용한다.

김치

냄새가 다른 식품에 배지 않도록 밀폐 용기에 보관한다. 포장 비닐봉투 그대로 용기에 넣어도 좋다.

recipe

남은 음식, 버리지 말자!

시큼한 맛이 나는 배추 절임이나 김치, 순무잎 절임은 볶거나 냄비 요리를 하면 맛있게 먹을 수 있다. 절인 음식은 염분 함량이 높기 때문에 조미료는 넣지 않거나 아주 조금만 넣어도 된다. 단무지나 순무잎은 채소와 함께 무치거나 밥에 섞고, 물을 부어 소금기를 빼서 볶거나 익히는 음식에 이용한다.

단무지 채소 무침

순무잎 볶음밥

과자

* 수분이 많은 케이크나 생과자보다는 건조한 쿠키나 건과자를 더 오래 보관할 수 있다. 구운 과자는 습기가 차지 않도록 밀폐해서 실온에 보관한다. 만쥬나 과일 케이크, 카스텔라 등은 냉동하면 딱딱해지기 때문에 실온에 보관하는 것이 기본이지만 여름철에는 냉동 보관해야 한다. 각각의 유통 기한과 보관 방법 표시를 따른다.

아이스크림

냉동

냉동 온도를 유지하면 품질이 변하지 않으므로 유통 기한 표시도 필요하지 않다. 그러나 가정에서는 냉동 온도를 일정하게 유지하기 어려우므로 가능한 한 빨리 먹는 것이 좋다.

케이크

보관

생 케이크는 냉장 보관해 놓고 적어도 다음 날까지는 먹을 것.

냉동

과일이나 생크림, 카스타드 크림을 사용한 케이크는 식감이 나빠지므로 냉동 보관에 적합하지 않다. 과일을 얹지 않은 것은 가능하다. 랩을 살짝 둘러 용기나 지퍼백에 보관한다. 케이크 케이스나 밀폐 용기를 거꾸로 해서 사용하면 편리하다.
➡실온에 두거나 냉장실에서 자연 해동한다.

초콜릿

보관

15~18℃ 정도의 실온이 가장 좋다. 여름철에는 온도가 높아 초콜릿이 녹으므로 냉장 보관한다. 하얗고 딱딱한 것이 생기기도 하는데, 인체에는 무해하지만 맛은 떨어진다. 구입한 것은 1주일 이내에 다 먹을 것.

생 초콜릿은 냉장에 2~3일 정도, 냉동에 1~2개월 정도 보관.

전통 과자

냉동

만쥬, 화과자, 카스텔라 등은 적합하다. 1개씩 랩으로 싸서 지퍼백이나 용기에 넣고 보관한다. 경단은 굳어지기 때문에 냉동시키지 않는 것이 무난하다.
➡실온에서 자연 해동한다.

음료

* 주류는 온도 변화가 적은 장소에 흔들리지 않게 보관해야 한다.
* 찻잎이나 커피콩은 필요한 만큼만 사서 깊은 맛과 향이 유지되는 기간 내에 빨리 먹어야 한다. 고온에 약하고 습기나 다른 식품의 냄새를 쉽게 흡수하는 데다 밀폐해 두지 않으면 탈취제나 제습제로 전락하기 쉽다. 캔이나 병에 보관하고, 봉투에 넣을 경우에는 공기를 빼서 입구를 확실히 막아 냄새가 강한 식품 근처를 피해 보관한다.

  냉동해 두면 넣고 꺼내는 과정에서 온도차로 인해 쉽게 습기가 차므로 금방 이용할 것보다는 장기 보관할 것을 넣어 두는 것이 좋다. 냉동·냉장한 식품은 실온에 잠시 두었다가 상온 상태에서 뚜껑을 열어야 한다.

술

일본술

● 고온이나 햇빛, 빛에 의해 쉽게 변하므로 그늘지고 서늘한 곳에 보관한다. 가능한 한 냉장 보관하는 것이 좋다.

맥주

● 그늘지고 서늘한 곳에 가능하면 냉장 보관한다. 냉동하면 병이 깨질 위험이 있으므로 절대 금할 것.
● 남았다면 고기를 재우는 데 이용하거나 화초용 비료(흙을 조금 파내고 붓는다), 겨된장 등에 사용한다.
(겨된장 : 장아찌 등을 담그는 밑절미로, 쌀겨로 만든 된장)

와인

● 코르크 마개를 닫아 온도 변화가 적은 곳에 보관한다.
● 냉장고 내부는 온도가 낮고 습기가 적기 때문에 장기 보관하기에는 적합하지 않다.
● 개봉 후 냉장에서 1주일 정도라면 마실 수 있다. 그 이상 두면 깊은 맛과 향이 떨어지므로 요리용으로 사용한다. 색이 변하면 신맛이 강해지고 향도 나빠지므로 요리에도 사용하지 말 것.

인스턴트 커피

● 개봉했다면 뚜껑 안쪽의 종이 라벨을 벗겨 내고 뚜껑을 확실히 닫아 둔다. 종이를 남겨 두면 습기를 흡수하기 때문이다. 습기를 피하기 위해 온도차가 생기는 냉장 보관은 피하고, 젖은 스푼을 사용하지 말 것. 김이 나는 곳도 피할 것. 개봉 후 1개월 내에 마셔야 한다.

캔이나 페트병에 든 음료

● 개봉 전에는 직사광선이나 고온, 습기를 피해서 보관한다. 세트로 구입한 상자도 같은 방법으로 보관한다.
● 개봉한 것은 뚜껑을 닫아 냉장 보관하고, 주스류는 1~2일, 미네랄워터는 4~5일 이내에 마신다. 용기에 입을 대고 먹으면 더 빨리 상한다.

홍차(잎)

● 잎을 발효시킨 것이라 녹차보다 보관 기간이 길다. 개봉 후에는 밀폐 용기에 담아 실온에 두고 1~2개월 내에 마셔야 한다. 대량으로 구입했다면 조금씩 나누어 보관한다.
● 장기 보관할 경우에는 냉동한다.

커피콩

● 저온일수록 맛과 향이 유지된다. 캔 등에 밀폐해서 냉동이나 냉장 보관한다.
● 개봉 후에는 냉장할 경우 콩은 1개월, 가루는 2~3주. 여름철에는 실온에 보관하면 맛이 금세 떨어진다.

녹차(잎)

● 서늘하고 어두운 곳에 6개월 정도 보관할 수 있다. 개봉하지 않고 냉동하면 맛과 향을 유지할 수 있다. 단, 냉장·냉동 보관하더라도 실온 상태로 만들어 개봉해야 한다.
● 개봉 후에는 캔 등에 밀폐하여 실온이라면 약 10일, 냉장이라면 1개월 내에 마시도록 한다.

Q 찻잎이나 홍차, 커피콩은 냉동이나 냉장 보관하는 것이 좋지 않다는 의견도 있는데, 정말 그런가?

A 이 문제는 제품을 생산하거나 판매하는 전문가들 사이에서도 의견이 분분하다. 냉동이나 냉장 보관하는 것이 적합하지 않다는 주장에 의하면 냉동·냉장 보관해 두었던 것을 바로 꺼내어 개봉하면 온도차로 인해 주변의 습기를 흡수해서 습기가 찬다고 한다. 온도차 때문에 결로 현상이 생기는 것과 같은 이유다. 김 같은 식품이 눅눅해지는 것도 같은 현상이다.

문제는 이들 식품이 고온이나 습기의 영향을 받아도 맛과 향이 현저하게 떨어진다는 것이다. 그렇기 때문에 오래 보관해야 할 때는 냉동 보관을 권장한다. 단, 자주 꺼내어 사용할 식품을 냉동 보관하는 것은 적합하지 않다.

그리고 냉동·냉장 보관한 것을 개봉할 때는 잠시 그대로 두어 상온과 비슷한 온도가 되었을 때 개봉해야 한다. 또 하나, 이들 식품은 냉장고 안에 있는 다른 식품의 냄새를 흡수하므로 냄새가 배지 않도록 확실히 밀폐하고, 김치처럼 냄새가 강한 식품과 떨어트려 보관해야 한다.

Q '밀폐' 보관해야 하는 식품이 굉장히 많은데 그 이유는?
또 캔에 넣어 보관하면 더 좋은가?

A 식품의 품질을 떨어트리는 요소는 식품에 따라 다르지만 고온 다습, 공기, 빛 등을 원인으로 꼽을 수 있다. 그중에서도 산화는 품질을 떨어트리는 주요 원인이다. 식품을 밀폐 보관하는 것은 습기나 공기와 접촉하지 않게 하기 위함이다. 다른 식품의 냄새가 배는 것을 막을 수도 있고, 설탕이나 쌀의 경우 벌레가 생기는 것도 막아 준다.

냉장이나 냉동할 때는 랩으로 싸서 지퍼백이나 밀폐 용기에 넣어 보관하는 것이 좋다. 특히 건조 식품이나 건면, 찻잎 등은 캔이나 병, 뚜껑 달린 밀폐 용기, 지퍼백에 넣어 보관한다. 개봉 후에는 구매할 때 들어 있던 봉투의 공기를 빼고 입구를 닫아 설명한 용기 등에 넣으면 안전하다. 단, 캔 중에도 밀폐할 수 없는 것이 있으며, 공기나 물이 새는 것도 있으므로 주의해야 한다.

SOS 시판되는 페트병 녹차를 마시다 보니 중간에 무언가 떠 있다! 혹시 불량품?

A 입을 대고 마신 다음 장시간 놓아두지는 않았나? 입 속에는 세균이 들어 있고, 음식물이 용기 입구에 붙는 경우도 있다. 특히 여름철에는 장시간 놓아두면 세균이 증가하거나 변질될 위험이 있다. 입을 대고 마셨다면 반드시 그날 안에 다 먹을 것. 작은 병에 담아 들고 다닐 것이라면 용기를 깨끗하게 관리할 것.

지은이 _ (주)Better Home 출판국(ベタ-ホ-ム出版局)

옮긴이 _ 김윤경
한밭대학교 일본어과를 졸업.
티멕(Toshiba Medical Engineering Center),
대한메트라(Toshiba Medical 한국 지사)에서 근무했다.
출판 편집 분야에서 일하면서 일어 전문 번역가로 활동하고 있다.
역서로는《궁합이 맞아 더 좋은 채소·과일 생주스 1+1》이 있다.

음식을 버리지 않고
잘 **보관**하는 **방법**

초판 1쇄 인쇄 | 2007년 10월 1일
초판 1쇄 발행 | 2007년 10월 5일

지은이 | (주)Better Home 출판국
옮긴이 | 김윤경
펴낸이 | 양동현
펴낸곳 | 도서출판 아카데미북
출판등록 | 제13-493호
주소 | 서울 성북구 동소문동4가 124-2
대표전화 | 02)927-2345 팩시밀리 | 02)927-3199
e-mail | academy@academy-book.co.kr

ISBN 978-89-5681-074-4 / 13590

잘못 만들어진 책은 구입한 곳에서 바꾸어 드립니다.